Dr JACQUES BERTILLON

Chef des Travaux Statistiques de la Ville de Paris

Guerre à l'Alcool

par l'Impôt

Etude statistique de l'effet des lois fiscales de 1897 et 1900 sur la consommation comparée de l'eau-de-vie et du vin.

EN VENTE A LA

Ligue Nationale contre l'Alcoolisme

147, BOULEVARD SAINT-GERMAIN -:- PARIS

1912

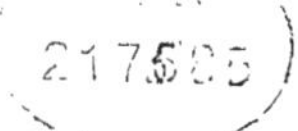

BIBLIOTHÈQUE NATIONALE
R.F.
IMPRIMÉS

Guerre à l'Alcool

par l'impôt

Etude statistique de l'effet des lois fiscales de 1897 et 1900 sur la consommation comparée de l'eau-de-vie et du vin.

PAR LE

Dr Jacques BERTILLON

I. - Questions posées

Pour me remercier de quelques chiffres que je lui avais communiqués sur sa demande, M. le Dr Broquin, directeur du bureau d'hygiène de la ville de Troyes, eut la gracieuse pensée de m'envoyer le tableau des quantités d'alcool et de vin consommées par cette ville depuis 1886. A l'aide de ces chiffres, je construisis le diagramme suivant qui évoqua aussitôt devant mes yeux plusieurs problèmes du plus vif intérêt (fig. 1).

Trois questions surtout me paraissent mériter l'attention.

PREMIÈRE QUESTION. — *L'élévation de l'impôt peut-elle diminuer la consommation*

On remarque qu'en 1900 la consommation de l'eau-de-vie baissa brusquement à Troyes, tandis que celle du vin augmentait d'autant; et la situation nouvelle ainsi créée dura pendant les années suivantes.

C'est évidemment aux lois du 29 décembre 1897 et du 29 décembre 1900 qu'est dû ce double changement. La loi de 1900 portait de 156 fr. 25 à 220 francs par hectolitre d'alcool pur l'impôt d'Etat sur les eaux-de-vie. La loi de 1897 aggra-

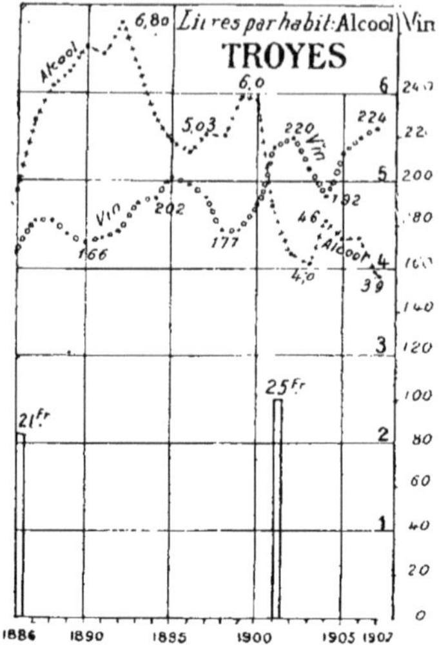

Fig. 1. — **TROYES.** — Litres d'alcool pur, litres de vin, par tête d'habitant en chaque année (indiquée au bas de la figure).

Les rectangles figurés en regard des années 1886 et 1901 représentent le tarif d'octroi pour 1 hectolitre d'alcool pur pendant ces années et les suivantes.

vait beaucoup cet accroissement d'impôt en autorisant les villes à augmenter les droits d'octroi sur les alcools, à partir de 1899. Ainsi s'explique que la consommation de l'eau-de-vie ait baissé brusquement. La même loi de 1897 diminuait les droits d'octroi sur les boissons dites hygiéniques (vin, bière, cidre), et ainsi s'explique (au moins en partie) que la consommation du vin ait augmenté.

C'est la première fois qu'un impôt sur l'eau-de-vie a pour conséquence d'en diminuer la consommation. Il est vrai que c'est aussi la première fois en France que l'alcool, cette « bête de somme du budget », reçoit aussi brusquement une surcharge aussi lourde. Autrefois le Trésor ne percevait que 31 fr. 40 par hectolitre d'alcool pur ; ce chiffre fut porté à 60 francs pour payer la guerre de Crimée, à 90 francs, pour payer la guerre d'Italie, à 156 fr. 25 pour payer la guerre de 1870-1871. Chacune de ces aggravations d'impôt fut suivie non pas d'une diminution, mais d'une augmentation de l'alcoolisme. On avait beau charger le monstre, il avançait toujours. Cette fois, il a reculé.

DEUXIÈME QUESTION. — *L'antagonisme du vin et de l'alcool*

On voit dans ce même diagramme que, même avant les lois de 1897 et 1900, il y avait une sorte d'antagonisme entre la consommation du vin et celle de l'alcool ; quand l'une baisse, l'autre monte :

	VIN	ALCOOL
	—	—
De 1888 à 1891 la consommation.	baisse.	monte.
De 1892 à 1895 —	monte.	baisse.
De 1896 à 1899 —	baisse.	monte.
De 1900 à 1902 —	monte.	baisse.
De 1903 à 1904 —	baisse.	monte.
De 1905 à 1908 —	monte.	baisse.

Enfin les lois de 1897 et 1900 ont assuré la déroute de l'alcool et le triomphe du vin.

Cet antagonisme du vin et de l'alcool n'est pas chose nouvelle. Ce sont, en quelque sorte, deux ennemis dont l'un profite des défaillances de l'autre. Mais jusqu'à présent, le vainqueur final de la lutte avait toujours été l'alcool. Tandis que l'oïdium supprimait presque la récolte de vin en 1855 et années suivantes, l'alcool en profita pour faire de grands progrès ; mais les mauvaises habitudes ne se perdent pas facilement ; aussi, lorsque la récolte redevint abondante, l'alcool ne perdit pas le terrain gagné ; seulement ses progrès furent plus lents ; ils redevinrent rapides après la guerre et lorsque le phylloxéra désola la France en 1880-1893 (1).

On boit cinq ou six fois moins d'eau-de-vie dans les départements où la boisson populaire est le vin, que dans ceux où il est remplacé par la bière ou le cidre (ce que j'ai montré par une carte de France publiée par l'*Etoile Bleue* de février 1910 dont celle de la page 6 n'est qu'un résumé).

Il est rare que la statistique générale de la France nous montre le triomphe du vin sur son terrible ennemi. La statistique de la ville de Troyes nous en montre plusieurs exemples, dont le plus remarquable est celui de 1900 et années suivantes.

(1) Voir sur ce sujet et sur les autres problèmes relatifs à l'alcoolisme, mon livre : *L'Alcoolisme et les moyens de le combattre jugés par l'expérience* (Gabalda, éditeur à Paris, 90, rue Bonaparte, prix : 2 francs).

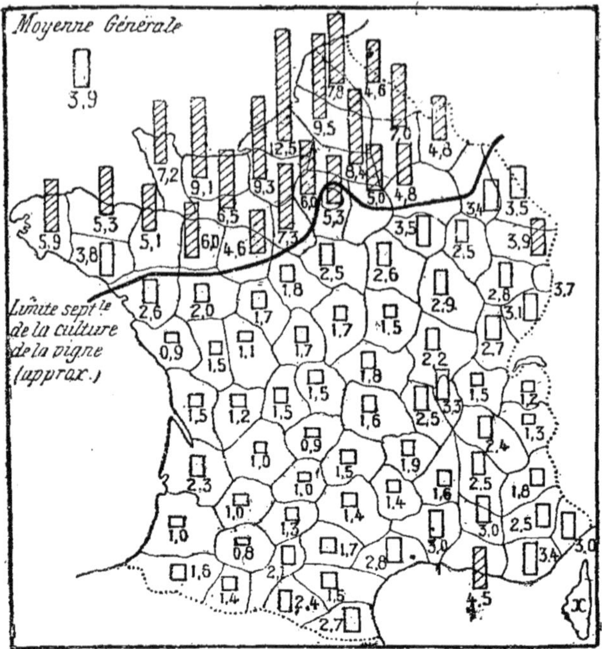

Fig. 2. — Le chiffre marqué dans chaque département indique le nombre de litres d'alcool pur consommés par un habitant en 1906. La colonne a une hauteur proportionnelle à ce chiffre ; lorsqu'il dépasse la moyenne générale la colonne est ombrée. (Voir une carte plus détaillée pour 4 périodes *Etoile Bleue*, février 1910).

Ville de Vin

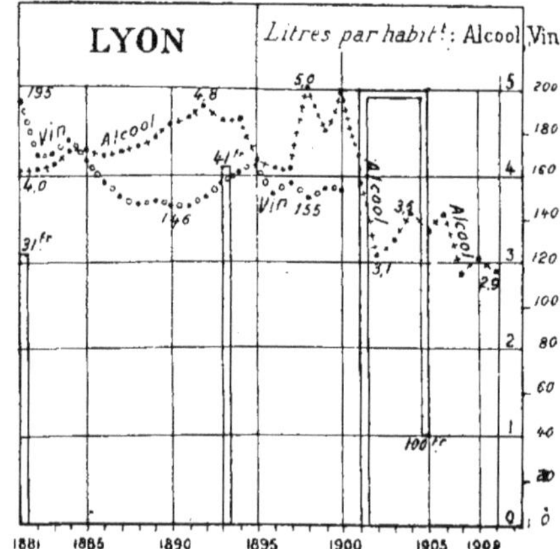

Fig. 3. — **LYON**. — Le droit d'octroi déjà élevé depuis 1893, devient considérable depuis 1901. La consommation de l'alcool diminue sensiblement. Celle du vin est inconnue depuis 1900.

Ville de Bière

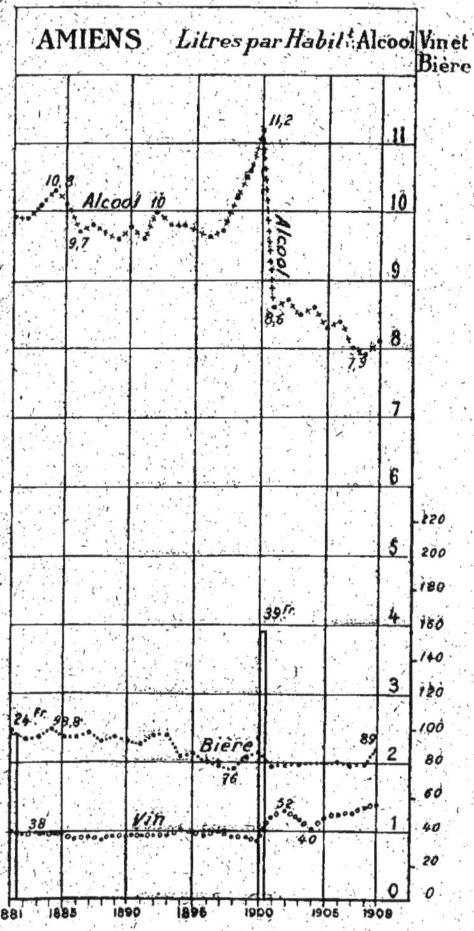

Fig. 4. — **AMIENS**. — Faible consommation de la bière et surtout du vin. Consommation d'alcool très considérable et très régulier. Elle diminue, mais assez peu.

On peut constater, en comparant les trois diagrammes justaposés ci-dessus de Lyon (ville de vin), Amiens (ville de bière), Caen (ville de cidre), une règle qui sera amplement confirmée par tous nos autres diagrammes, c'est que les villes où la boisson populaire est le vin boivent incomparablement moins d'eau-de-vie que celles où la boisson populaire est le cidre.

Ville de Cidre

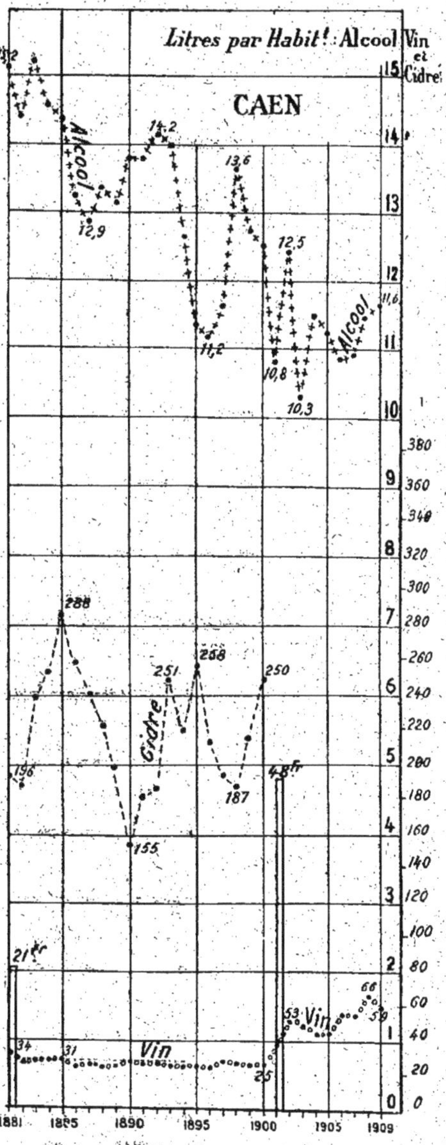

Fig. 5 — **CAEN**. — La consommation d'alcool est énorme et irrégulière, sans qu'on puisse s'expliquer la cause des irrégularités. Elle a plutôt tendance à baisser depuis 1881 sans que cette diminution paraisse sensiblement accentuée depuis 1901. La consommation du cidre est considérable ; elle varie beaucoup, suivant l'abondance de la récolte: ses variations ne paraissent guère influer sur celles de l'eau-de-vie (noter pourtant 1890 et 1895).

Le vin, boisson de luxe peu répandue présente des chiffres très constants jusqu'en 1900 ; ils grandissent un peu depuis dix ans.

Région de la Loire

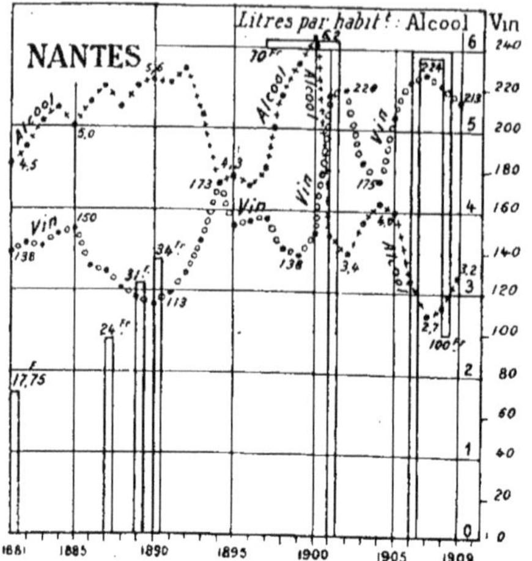

Fig. 6. — **NANTES**. — Droits d'octroi considérable depuis 1904 et 1906. L'alcool subit une chute considérable à chacune de ces deux dates.

On remarque l'antinomie constante de l'alcool et du vin :

En 1885-1890 la consom. de l'alcool augmente ; celle du vin diminue
1892-1894 — — diminue — — augmente
1895-1900 — — augmente — — diminue

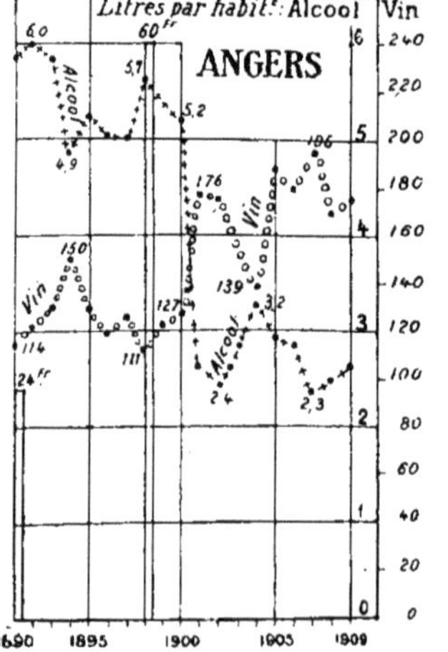

Fig. 7 — **ANGERS**. — La consommation de l'alcool depuis 1900 n'est plus que la moitié de ce qu'elle était antérieurement.

Remarquable antinomie entre la consommation de l'alcool et celle du vin.

Nous venons de voir que, les villes où la boisson populaire est le vin consomment incomparablement moins d'eau-de-vie que les villes où la boisson populaire est la bière ou le cidre. (voir p. 6 et 7.

Il est très remarquable que l'antagonisme que nous venons de remarquer pour **Troyes** entre les années de vin et les années d'eau-de-vie est extrêmement apparent pour les villes situées sous la même latitude que Troyes, c'est-à-dire les villes des bords de la Loire : Nantes, Angers, Tours, Orléans, tandis que dans la plupart des autres villes, il semble qu'il soit masqué par des facteurs plus influents. (voir les diagrammes de ces cinq villes pages 4, 8 et 9).

Région de la Loire (*Suite*)

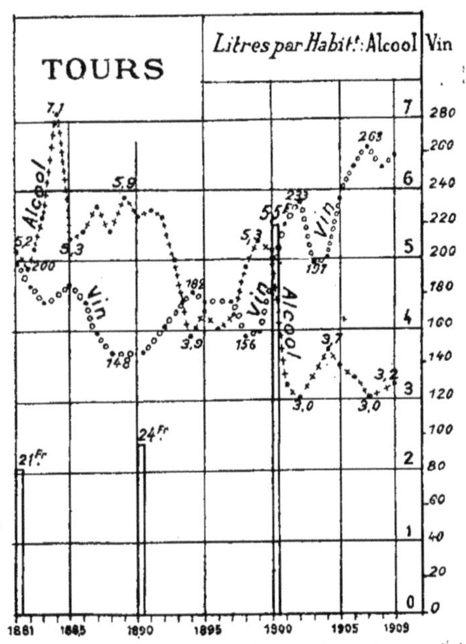

Fig. 8. — **TOURS**. — Remarquable antagonisme entre la consommation du vin et celle de l'alcool.
Il est surprenant que cet antagonisme se remarque surtout dans les villes de la latitude de Nantes (Nantes, Angers, Tours, Orléans, Troyes).

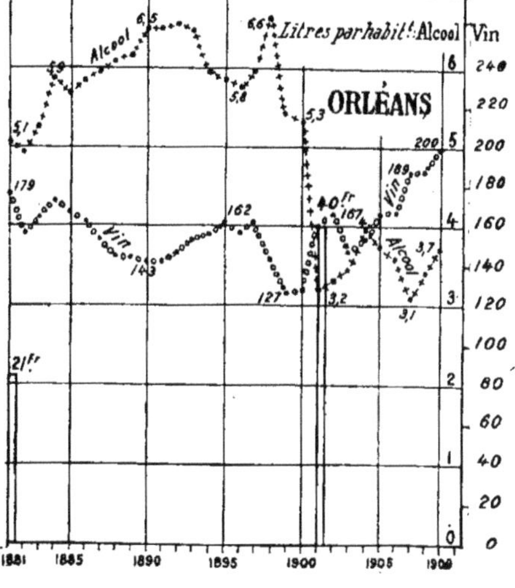

Fig. 9. — **ORLÉANS**. — Forte buveuse d'alcool quoique en pays vinicole. La consommation se réduit presque de moitié depuis 1900.

Légende commune à tous les diagrammes

Ces diagrammes représentent, pour chaque année, le nombre de litres consommés *en moyenne* par tête *d'habitant* en un an.

Les années sont indiquées au bas de la figure.

L'alcool est exprimé en litres d'alcool pur *consommé sous forme d'eau-de-vie, d'absinthe ou autres prétendus apéritifs.*

On a adopté la même échelle pour le vin, le cidre et la bière (1 centim. = 40 litres), mais une échelle 40 fois plus grande pour l'alcool (1 centim. = 1 litre).

Les longs rectangles *tracés dans les diagrammes représentent par leur hauteur le tarif* d'octroi pour un hectolitre d'alcool pur, *tarif maintenu pendant les années suivantes jusqu'à ce qu'un nouveau rectangle indique qu'il a été modifié.*

FRANCE. — *Consommation des boissons distillées*

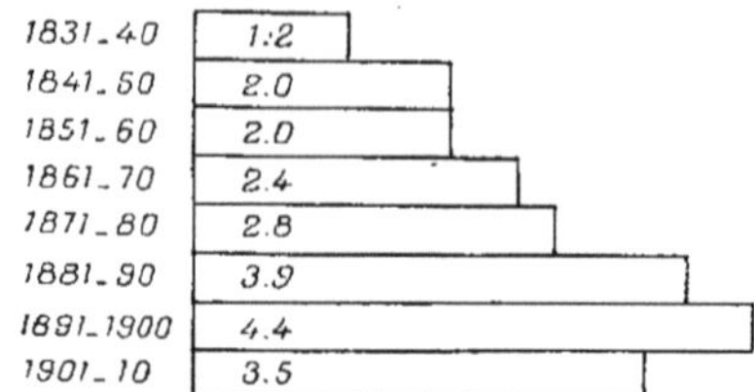

Fig. 10. — Le chiffre marqué dans chaque rectangle exprime le nombre de litres d'alcool pur consommés par tête d'habitant en un an.
Augmentation de la consommation en France de 1831 à 1900. Légère diminution en 1900-1910.

TROISIÈME QUESTION. — *La consommation d'eau-de-vie cesse-t-elle réellement de croître depuis* 1901

Le diagramme troyen soulevait d'autres problèmes d'un intérêt plus général.

Depuis que la statistique de l'alcool existe, c'est-à-dire depuis 1881, sa consommation n'avait jamais cessé de grandir jusqu'en 1900, en sorte que la France, nation autrefois sobre comme ses sœurs latines, avait perdu cet avantage. En 1900, survient une diminution brusque qui se maintient pendant les années suivantes. Cela est résumé par le diagramme suivant :

On s'est demandé si cette amélioration était réelle ou si elle était apparente. L'impôt a-t-il pu faire en 1900 le bien qu'il n'avait jamais pu réaliser auparavant? Ou bien ne devait-on pas croire que la fraude, rendue plus lucrative par l'élévation de l'impôt, nous cachait une partie du mal? Elle est assez malaisée dans les villes, car l'octroi la surveille d'un œil vigilant, mais elle est facilitée dans les campagnes par les absurdes privilèges des bouilleurs de cru.

Cette amélioration ne s'est produite que dans les villes. — Or, il semble bien que l'amélioration soit réelle, car elle s'est produite précisément dans les villes, où l'octroi nous garantit l'exactitude des statistiques ; au contraire, elle a été nulle dans les campagnes (où la consommation d'alcool a toujours été plus faible que dans l'ensemble des villes). C'est ce que montre le tableau de la page 13, dont une partie est traduite en courbe dans le diagramme de la page 12 (fig. 4).

Autrefois, les villes, considérées dans leur ensemble, buvaient à peu près 7 à 8 litres d'alcool pur par tête d'habitant et par an, et la quantité était à peu près la même dans le groupe des petites villes et dans celui des villes plus importantes. Aujourd'hui, diminution générale surtout dans les villes importantes.

C'est ce que montre le diagramme suivant : (nous n'y représentons que deux groupes de villes afin de ne pas trop surcharger la figure).

FRANCE (1909). — *Nombre de litres d'alcool par tête d'habitant en un an*

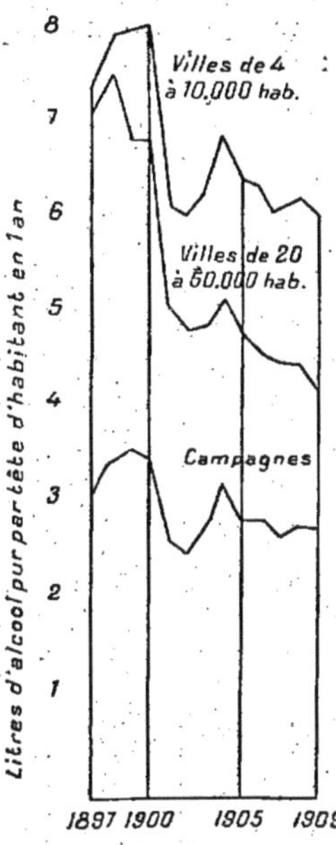

Fig. 11. — FRANCE. — Consommation d'alcool dans chacune des années 1897-1909. Il y a brusque diminution en 1901. Elle a été faible dans les campagnes; plus sensible dans les petites villes; plus forte encore dans l'ensemble des villes plus importantes.

Lorsqu'on assiste, dans une sous-préfecture, à une foire, et que l'on voit les cafés et cabarets de la ville déborder dans toutes les rues, les couvrir de petites tables et de chaises, toutes occupées par de bruyants consommateurs, on est porté à se demander si le chiffre si élevé des petites villes n'est pas illusoire, car l'alcool consommé pendant une foire est attribué aux seuls habitants de la ville, tandis qu'il a été bu par les campagnards du voisinage. Mais dès qu'on veut chiffrer cette erreur, on s'aperçoit qu'elle se réduit à presque rien. Le gros consommateur d'eau-de-vie dans une petite ville est le client quotidien du cabaretier, le pilier d'estaminet, l'inlassable joueur de manille, etc. L'impôt de 1900 a eu sur lui et ses pareils moins d'action que sur leurs similaires des villes plus importantes.

C'est actuellement dans le groupe des petites villes (de 4.000

à 10.000 habitants) que la consommation d'alcool est la plus forte; les villes de moyenne importance en boivent moins; enfin les grandes villes, considérées dans leur ensemble, en boivent moins encore. Quant aux campagnes, elles présentent le minimum :

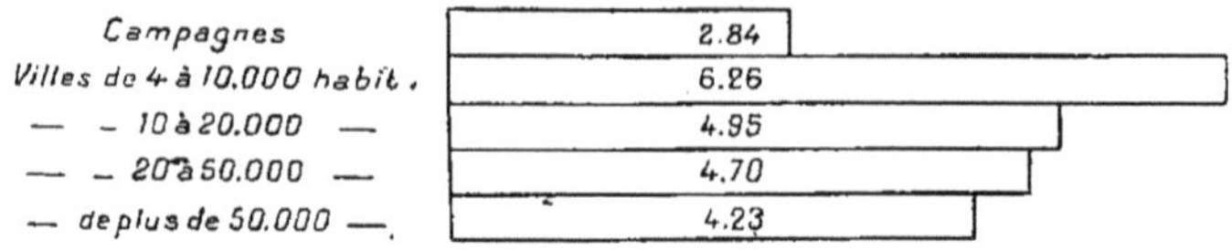

Campagnes 2.84
Villes de 4 à 10.000 habit. 6.26
— — 10 à 20.000 — 4.95
— — 20 à 50.000 — 4.70
— de plus de 50.000 — 4.23

Fig. 12. — On voit que les petites villes, dans leur ensemble, consomment plus d'eau-de-vie que les grandes (1909).

	Litres d'alcool pur consommés sous forme d'eau-de-vie par un habitant en un an								
	1877	1880	1887	1890	1897	1898	1899	1900	1901
Campagnes.	2.16	2.70	2.92	3.34	3.17	3.50	3.58	3.47	2.77
Villes de 4 à 6.000 h.	5.43	6.97	7.13	7.75	7.43	8.03	8.30	8.24	6.43
— de 6 à 10.000 —	6.17	7.27	7.25	7.16	7.22	7.84	7.69	7.65	5.70
— de 10 à 15.000 —	5.34	6.87	6.93	8.03	6.63	7.10	7.20	7.19	5.64
— de 15 à 20.000 —	5.00	6.18	6.40	6.90	6.72	7.46	7.16	7.37	5.44
— de 20 à 30.000 —	5.51	6.74	6.33	7.00	6.18	6.81	6.16	6.74	4.56
— de 30 à 50.000 —	6.15	6.90	7.30	7.84	7.88	8.12	7.41	7.81	5.50
— de plus de 50.000	5.62	6.53	6.39	7.34	7.07	7.78	6.60	7.82	4.84
France	2.87	3.58	3.84	4.38	4.28	4.70	4.59	4.66	3.52

	Litres d'alcool pur consommés sous forme d'eau-de-vie par un habitant en un an								
	1902	1903	1904	1905	1906	1907	1908	1909	1910
Campagnes	2.54	2.87	3.25	2.88	2.88	2.71	2.85	2.84	2.97
Villes de 4 à 6.000 h.	5.87	6.12	6.66	6.19	6.14	5.89	6.17	6.19	6.33
— de 6 à 10.000 —	6.08	6.51	7.08	6.55	6.51	6.07	6.27	6.33	6.54
— de 10 à 15.000 —	5.20	5.30	5.61	5.19	5.09	4.72	4.72	4.79	4.97
— de 15 à 20.000 —	4.96	5.16	5.64	5.24	5.07	4.70	5.10	5.18	5.42
— de 20 à 30.000 —	4.35	4.67	5.13	4.84	4.81	4.52	4.47	4.59	4.96
— de 30 à 50.000 —	5.16	5.15	5.34	4.86	4.59	4.59	4.86	4.78	4.88
— de plus de 50.000	4.61	4.67	4.91	4.70	4.67	4.21	4.23	4.23	4.41
France.	3.26	3.54	3.89	3.57	3.56	3.31	3.44	3.46	3.59

II. - Enquête dans les principales villes de France

Résultats généraux

Ce sont là des résultats trop généraux. Il m'a paru nécessaire de les examiner de plus près. J'ai donc prié nos confrères les directeurs de bureaux d'hygiène de m'envoyer un tableau semblable à celui que j'avais reçu de Troyes. Il y ont mis un empressement qui montre combien le corps médical est solidaire dès qu'il s'agit d'une œuvre utile.

Je dois une reconnaissance spéciale à mes confrères MM. les docteurs Lafosse (d'Angers), Larché (d'Avignon), Bernard (de Besançon), Weydenmeyer (de Bourges), Alix (de Brest), Cahen (de Caen), Rebreyend (de Calais), Arès (de Cherbourg), Loir (du Havre), Ducamp (de Lille), Waquet (de Lorient), Lesieur (de Lyon), Arnaud (de Marseille), Parisot (de Nancy), Delon (de Nîmes), Le Page (d'Orléans), Panel (de Rouen), Fleury (de Saint-Etienne), Delmas-Azema (de Saint-Quentin), Chabaud (de Toulouse), Broquin (de Troyes), Pissot (de Versailles), et aux municipalités des autres villes étudiées.

J'avais demandé des renseignements à quelques autres villes importantes, mais elles n'ont pas pu me les fournir. Les statistiques d'octroi ne sont pas publiées, et une statistique manuscrite ne tarde pas à disparaître. « Une statistique non publiée n'existe pas ! » disait déjà vers 1840, Dieterici, le créateur de la statistique de Prusse.

Les documents ainsi reçus m'ont permis de calculer la quantité d'alcool (1), de vin, de bière et de cidre bue par tête d'habitants et de construire des diagrammes analogues au précédent pour 42 villes importantes (plus de 40.000 habitants).

Dans *toutes* ces villes, sans exception, une diminution importante de la consommation de l'alcool est survenue brusquement en 1900-1901 et s'est maintenue ou accentuée pendant les années suivantes. Ce fait est absolument général.

D'autres faits dignes d'intérêt peuvent être notés. Il faut, pour les constater, distinguer trois catégories de villes :

1° Celles où la boisson populaire est le vin (voir p. 15 le diagramme relatif à Grenoble qui en est un exemple typique);

(1) J'aurais voulu ouvrir un compte spécial à l'absinthe. Cela n'a pas été possible.

2° Celles de la région parisienne (voir ci-dessous le diagramme relatif à Versailles);

3° et 4° Celles où la boisson populaire est la bière (voir p. 15 le diagramme relatif à Saint-Quentin); ou le cidre (voir p. 15 le diagramme relatif à Rouen).

Les 21 autre villes où la boisson populaire est le vin boivent bien moins d'eau-de-vie que celles qui sont en pays de cidre ou de bière.

Avant 1900-1901, elles buvaient communément de 4 lit. 5 à 5 lit. 5 d'alcool pur par tête d'habitant et par an. (Orléans, Besançon et Marseille en buvaient pourtant 6 litres et Toulon 7, mais ces quatre villes sont exceptionnelles). L'impôt municipal était généralement de 18 à 24 francs par hectolitre; plus élevé à Lyon et à Marseille).

En 1900-1901, il est porté au chiffre de 45 à 60 francs (100

TYPE DE VILLE DE LA RÉGION DE PARIS

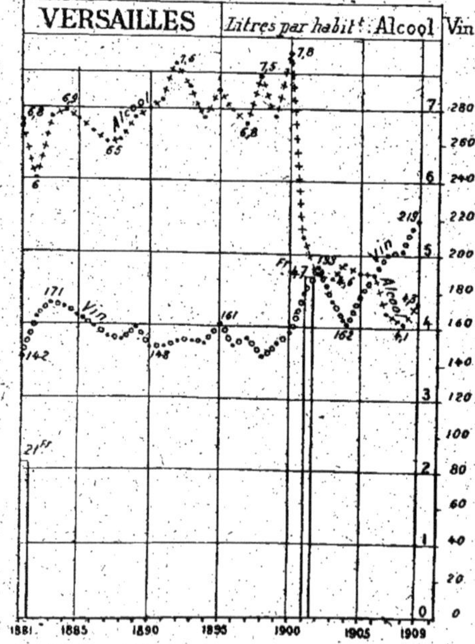

Fig. 13. — **VERSAILLES**. — Cette ville quoique bourgeoise et peu industrielle, consomme plus d'alcool que les autres villes étudiées de la région Parisienne. La diminution a été brusque et considérable après 1900. La consommation du vin a augmenté, mais assez peu.

TYPE DE VILLE DE CIDRE

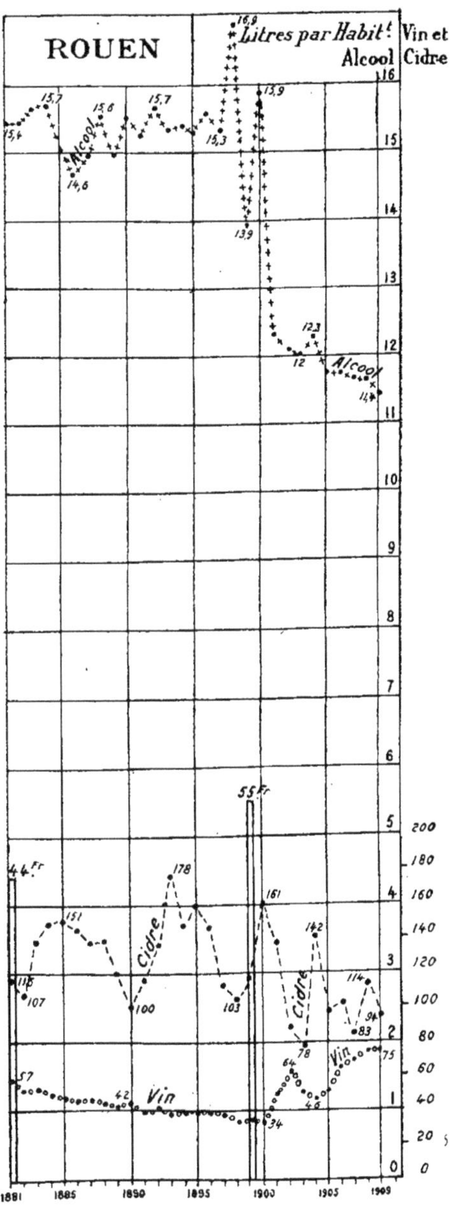

Fig. 14. — **ROUEN**. — La formidable consommation d'alcool s'est brusquement atténuée depuis 1900, et continue à baisser lentement; elle reste d'ailleurs énorme. La consommation du cidre est importante et varie suivant la récolte; celle du vin est insignifiante et tendait naguère à diminuer; au contraire, elle tend à grandir depuis 1900.

TYPE DE VILLE DE VIN

Fig. 15. — **GRENOBLE**. — La consommation de l'alcool avait une légère tendance à augmenter de 1881 à 1900. A ce moment, chute profonde. La consommation du vin a augmenté légèrement en 1900.

TYPE DE VILLE DE BIÈRE

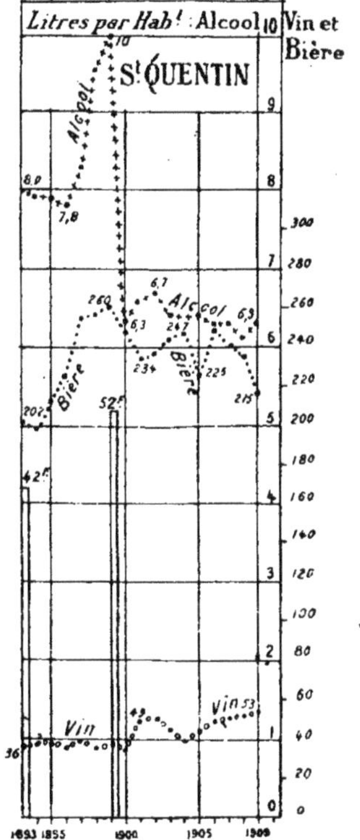

Fig. 16. — **SAINT-QUENTIN**. — La consommation d'alcool diminue brusquement en 1900, et cette diminution paraît durable. Celle de la bière ne varie guère. Celle du vin est insignifiante.

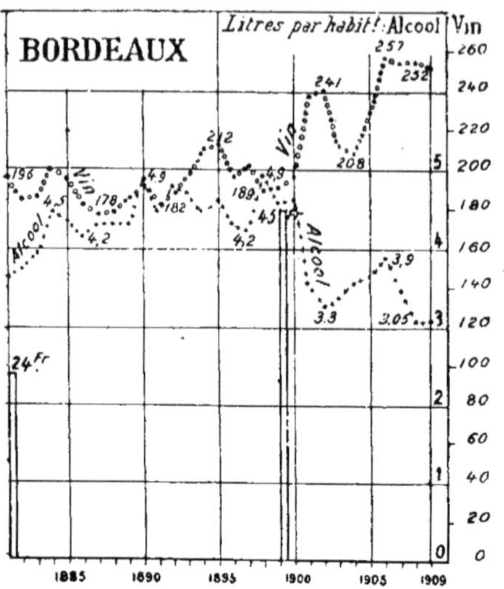

Fig. 17. — **BORDEAUX**. — Peu de variations jusqu'en 1900. La consommation baisse après 1900 de près de 2/5 ; celle du vin (très considérable) augmente d'autant.

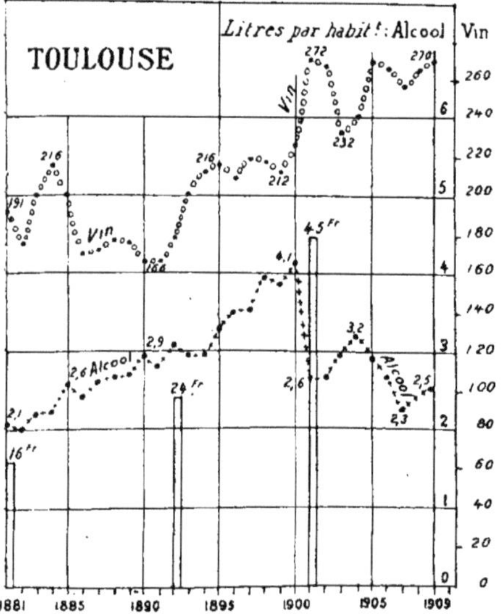

Fig. 18. — **TOULOUSE**. — La plus sobre des 33 villes étudiées La consommation de l'alcool augmentait d'ailleurs, avec une régularité inquiétante, avant 1900. Elle diminue brusquement en cette date.
La consommation du vin augmente.

francs à Nantes, Lyon et Marseille), rarement moins. La consommation baisse aussitôt à 2 litres 5, le plus souvent (un peu moins dans quelques villes où la consommation était déjà faible antérieurement).

On remarquera combien l'alcool faisait des progrès avant 1900 dans toutes les villes du Midi (excepté Bordeaux). Sobres vers 1881, ces villes s'acheminaient à ne plus l'être. Elles consomment moins d'alcool depuis 1901, sans avoir regagné les chiffres d'autrefois.

Villes de Gascogne et Languedoc

Bordeaux et Toulouse ont toujours été (avec Saint-

Etienne), des villes buvant beaucoup de vin ; ce n'est guère qu'à Paris et dans sa banlieue que l'on trouve des chiffres plus forts. Toulouse était et est encore, la plus sobre des grandes villes de France. La consommation de l'alcool peut passer pour être assez modérée à Bordeaux.

Pour Montpellier et surtout pour Nîmes la statistique est faussée par la fraude qui s'y exerçait naguère sur une vaste échelle et qui paraît n'être pas encore tout à fait vaincue.

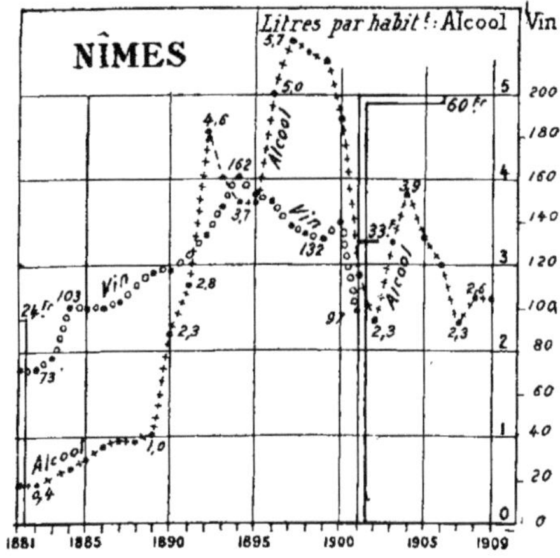

Fig. 19. — **NIMES**. — Ce diagramme ne ressemble à aucun autre, et excite à première vue la surprise et la défiance. L'extrême faiblesse des chiffres en 1881-89, leur invraisemblable ascension en 1890-92 et en 1895-97 ne peuvent être qu'artificielles. J'ai donc demandé des renseignements et j'ai appris ce qui suit :

Le Directeur de l'octroi, nommé en 1889, a pris des mesures énergiques contre la fraude, qui était audacieusement organisée. En 1895, il prit le parti de fermer les routes par des barrières pendant la nuit. Notre diagramme retrace donc l'histoire du fisc et des contrebandiers, et non l'histoire de la consommation.

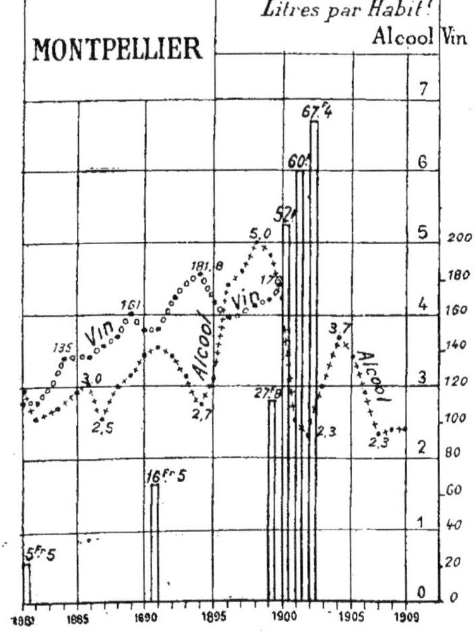

Fig. 20. — **MONTPELLIER**. — On nous prévient que la fraude sur l'alcool est considérable, et qu'on la combat avec activité. L'aspect général de ce diagramme n'est pas sans analogie avec celui de Nimes.

Villes de Provence

Marseille, Toulon et même Avignon sont de toutes les villes où la boisson populaire est le vin, celles où l'on boit le plus d'eau-de-vie. Leur cas est plus grave encore, ce sont très probablement celles où l'on boit le plus d'absinthe.

Nous n'avons pas la statistique de l'absinthe par villes, mais nous l'avons par départements. Or, les Bouches-du-Rhône arrivent en tête avec un chiffre BEAUCOUP plus élevé qu'aucun autre département

A la suite de ce département, se placent le Var, le Gard, l'Hérault, Vaucluse. Il est très certain que les villes principales de ces départements

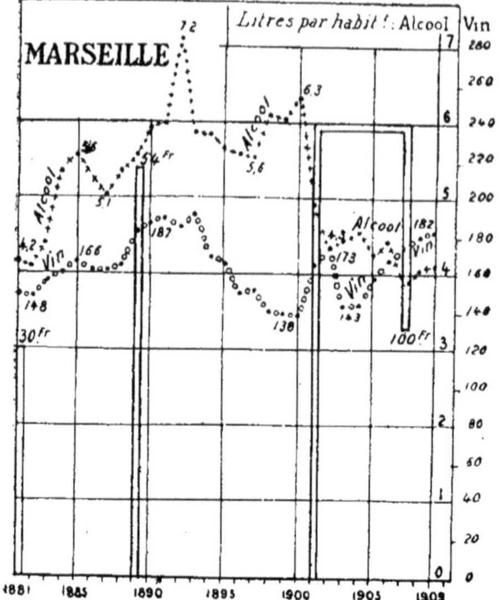

Fig. 21. — **MARSEILLE**. — Avant 1900, la consommation de l'alcool augmentait rapidement ; au contraire, celle du vin tendait à baisser. Depuis 1900, chute sensible de l'alcool ; le vin n'en profite guère.

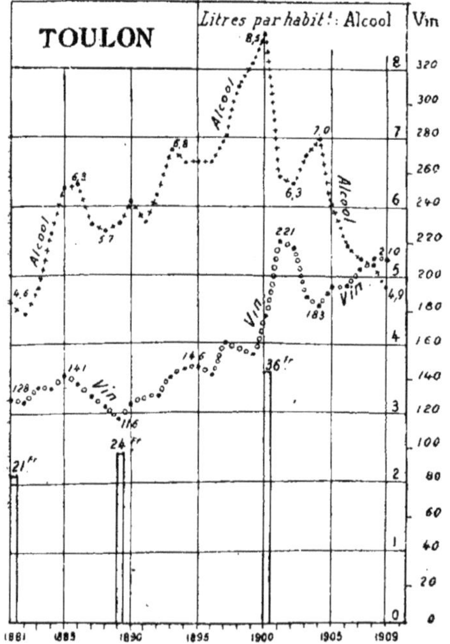

Fig. 22. — **TOULON**. — Consommation d'alcool énorme pour une ville située en pays vinicole. Jusqu'en 1900, elle grandissait toujours. Depuis 1900, elle baisse assez régulièrement. (Le droit d'octroi est d'ailleurs faible).

sont cause qu'ils sont si déplorablement classés.

Or le vin triomphe difficilement de l'eau-de-vie, mais ne parvient pas à vaincre l'absinthe! (1). Nos diagrammes montrent pourtant une diminution sensible de la consommation de l'alcool (sous forme d'eau-de-vie ou d'absinthe).

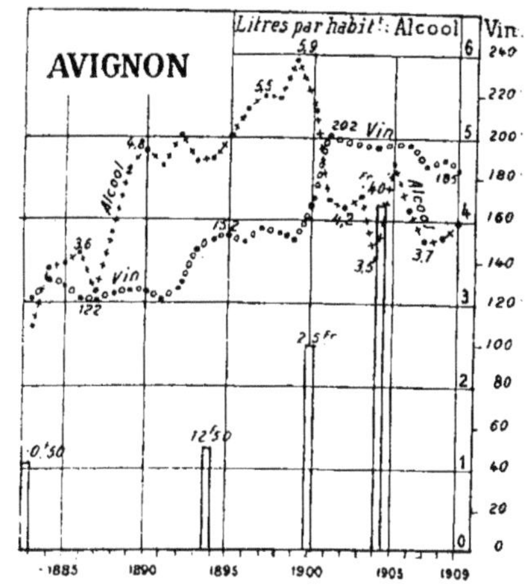

Fig. 23. — **AVIGNON**. — Ascension rapide de la consommation de l'alcool depuis 1883 jusqu'en 1900. Diminution sensible en cette année-quoique l'octroi soit modéré. Le vin a gagné ce que l'alcool a perdu. Celui-ci présente d'ailleurs des chiffres plus forts qu'avant 1888.

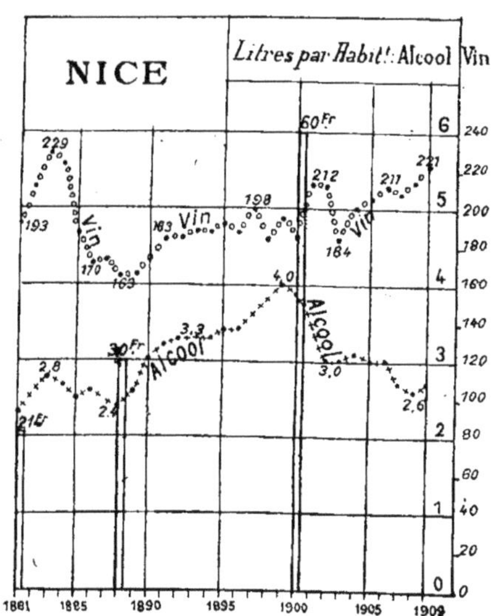

Fig. 24. — **NICE**. — La consommation du vin est considérable. Celle de l'alcool est assez faible, mais tendait à augmenter de 1881 à 1900. Depuis 1901, elle est en décroissance constante.

(1) Le département des Bouches du Rhône consomme environ 2 litres et demi d'alcool pur contenu dans l'absinthe par tête d'habitant en un an. C'est de beaucoup le chiffre le plus élevé de toute la France. Les départements voisins cotent 1 litre à 1 litre et demi. Ceux de la basse vallée de la Seine boivent environ 1 l.; ceux de Franche-Comté un peu moins (environ 0.75), les autres parties de la France beaucoup moins.

Villes du Centre

Chûte profonde de l'eau-de-vie après 1900. Bourges est devenue une des villes de France où l'on boit le moins d'eau-de-vie.

Limoges et surtout Saint-Etienne sont de très fortes buveuses de vin. Depuis 1900, la quantité de vin consommée a encore augmenté.

De toutes les villes importantes, Saint-Etienne est aujourd'hui celle qui en boit le plus.

La quantité d'eau-de-vie bue dans ces cités industrielles était pourtant considérable avant 1900. Depuis cette époque, elle est devenue relativement faible.

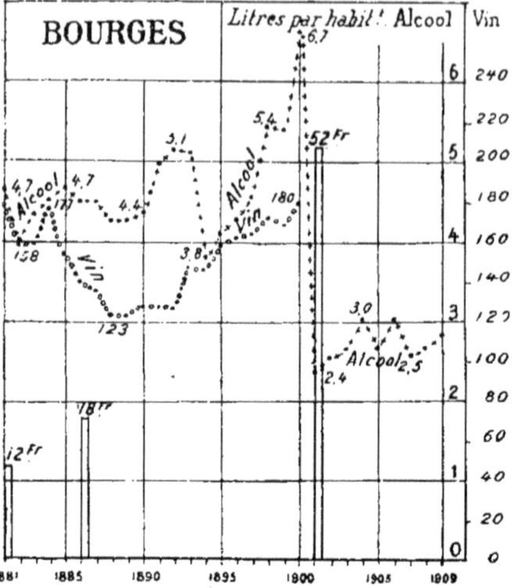

Fig. 25. — **BOURGES**. — La légère surtaxe de 1886 n'avait eu aucun effet sur la consommation de l'alcool. Les impôts de 1900 la réduisent brusquement à moitié de ce qu'elle était antérieurement. On ne connaît pas la consommation du vin après 1900.

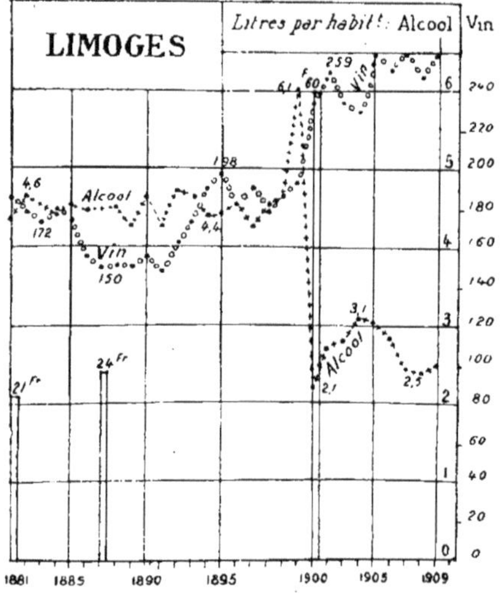

Fig. 26. — **LIMOGES**. — La consommation de l'alcool, stationnaire depuis 1888 jusqu'en 1900, diminue brusquement de moitié Celle du vin, faible jusqu'alors, s'élève considérablement.

(1) Voir les villes de la région de la Loire, page 7.

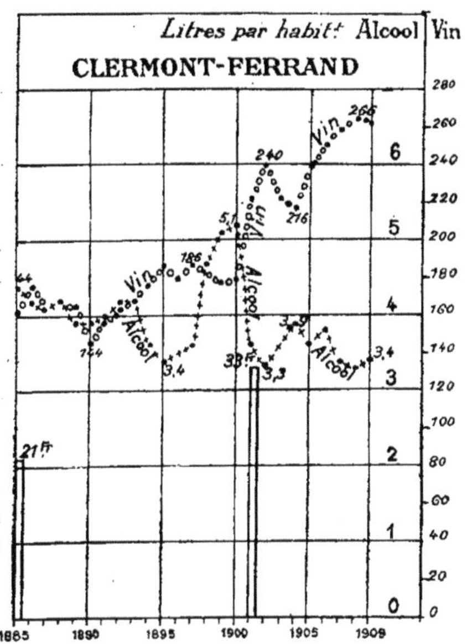

Fig. 27. — **CLERMONT-FERRAND**. — La consommation de l'alcool, d'ailleurs modérée, a diminué après 1900 moins qu'on n'aurait pu l'attendre étant donné l'accroissement considérable de la consommation du vin.

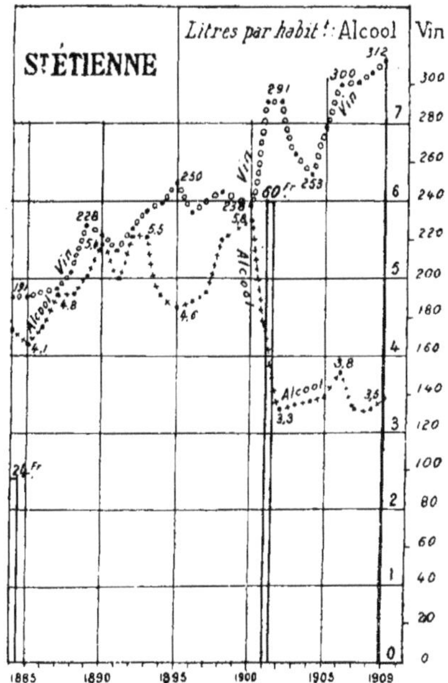

Fig. 28. — **SAINT-ÉTIENNE**. — La consommation du vin toujours très élevée, tend à augmenter toujours. Celle de l'alcool a considérablement baissé depuis 1900.

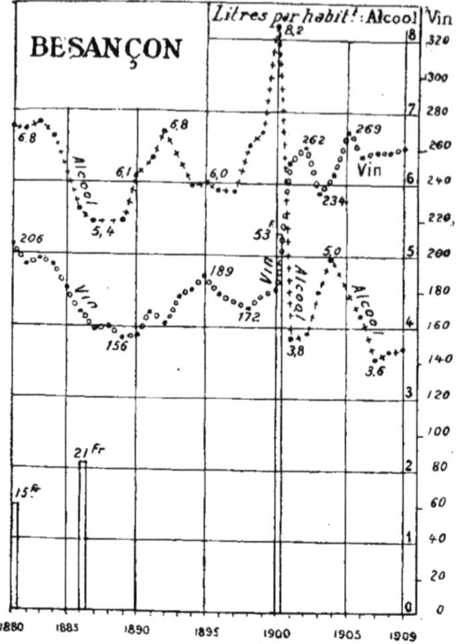

Fig. 29. — **BESANÇON.** — Cette ville, quoique en pays vinicole, consommait beaucoup d'alcool avant 1900. La diminution est considérable depuis 1900. Le vin a gagné ce que l'alcool a perdu.

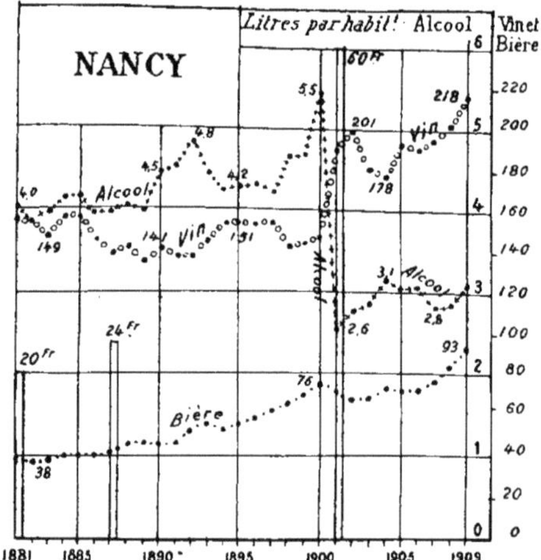

Fig. 30. — **NANCY.** — Chute considérable de l'eau-de-vie en 1900. Au même moment la consommation du vin augmente brusquement. Celle de la bière est moindre, mais elle n'a pas cessé d'augmenter.

Villes de l'Est

Nous n'avons de statistique que pour deux villes de cette région. Elles sont sensiblement différentes l'une de l'autre.

Besançon quoique en région vinicole était une assez forte consommatrice d'eau-de-vie jusqu'en 1900. A cette date, elle est tombée au-dessous de la moyenne.

Nancy a toujours eu des chiffres modérés. Ils ont diminué encore après 1900.

Villes de la région de Paris

Les 6 *villes de la région de Paris* étaient avant 1901, et sont encore, de fortes buveuses d'alcool, quoique moins alcoolisées que les villes du Nord. L'aggravation de l'impôt municipal a été énorme à Paris (160 francs au lieu de 80 francs, chiffre déjà très élevé). Mais elle a été médiocre dans les autres villes suburbaines sur lesquelles nous sommes renseigné.

La consommation d'eau-de-vie a diminué de 2 litres à 2 litres et demi à Paris, à Clichy, à Versailles (voir p. 14) ; la diminution a donc été assez forte ; la consommation du vin a très sensiblement augmenté.

D'où vient que l'alcool ait été ainsi battu par le vin ? Cela m'a été expliqué par quelques marchands de vins de Paris

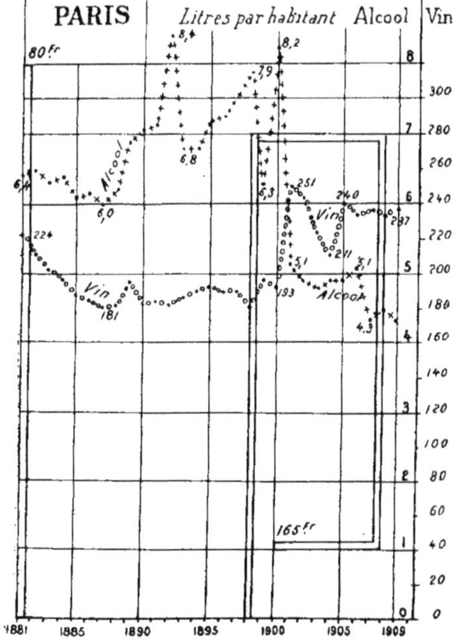

Fig. 31. — **PARIS**. — La quantité de vin introduite n'est connue que par évaluation depuis 1901 puisqu'il ne paie plus octroi.

Malgré cette exemption, la consommation du vin a augmenté moins qu'on n'aurait pu l'attendre. Celle de l'alcool a considérablement baissé ; il est frappé d'un droit d'octroi exceptionnel.

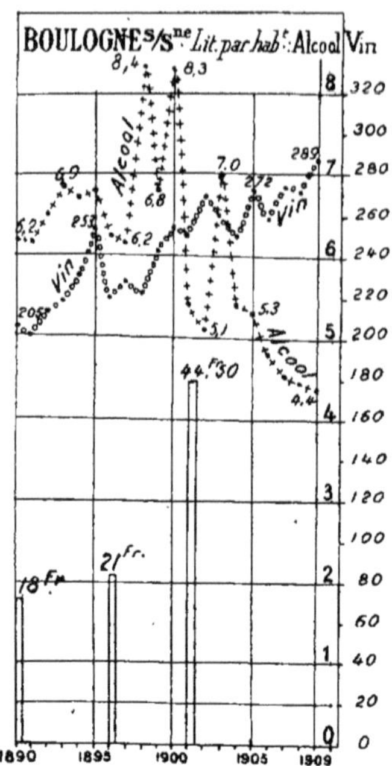

Fig. 32. — **BOULOGNE-s-SEINE.** — Comme dans toutes les villes de la région parisienne, l'entrée de l'alcool a été élevé en 1898, faible en 1899, élevée de rechef en 1900. Puis forte diminution, tandis que la consommation du vin augmente.

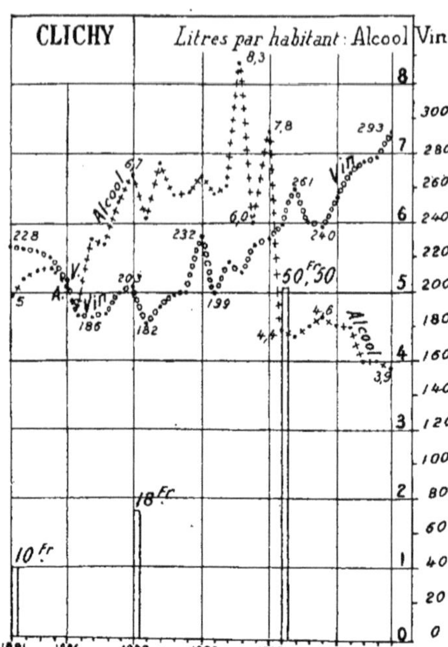

Fig. 33, — **CLICHY.** — Mêmes remarques que pour Boulogne. On remarque en outre la diminution du vin depuis 1881 jusqu'en 1886.

Elle se remarque dans les autres villes de la région Parisienne.

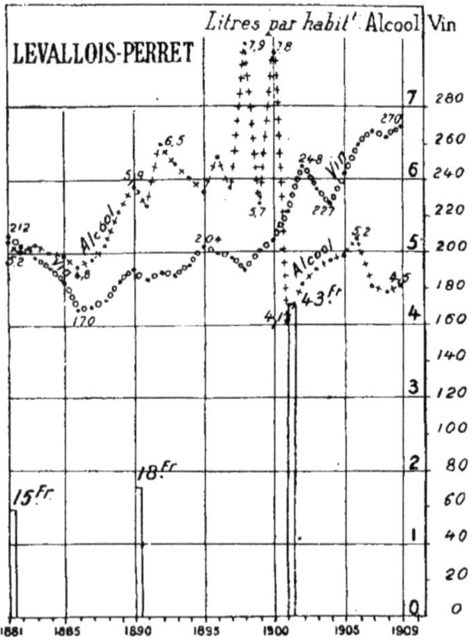

Fig. 34. — **LEVALLOIS-PERRET.** — Mêmes remarques que pour Boulogne et pour Clichy.

Ces trois villes (de même que Saint-Denis), sont de fortes consommatrices de vin.

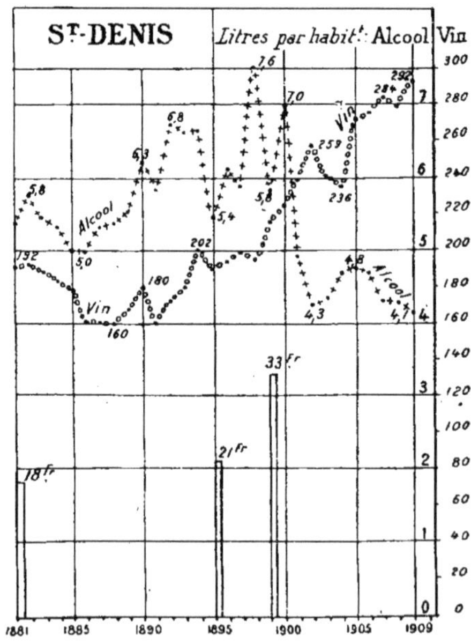

Fig. 35. — **SAINT-DENIS.** — Mêmes remarques que pour Boulogne, Clichy, Levallois-Perret.

que j'ai interrogés. L'énorme impôt sur l'alcool et le dégrèvement complet des vins à Paris font que le débitant gagne sur l'eau-de-vie, bien moins que sur le vin. *Il a donc intérêt à vendre du vin.* « Parmi mes clients, me dit l'un d'eux, il y en a beaucoup auprès de qui il n'y a rien à faire ; dès que je les vois, je prépare leur absinthe ou leur petit verre. Mais d'autres ne sont pas irréductibles ; je leur explique donc, en confidence, que j'ai reçu une pièce d'un vin excellent dont ils seront contents. Et cela réussit le plus souvent ! »

Ainsi la diminution de la consommation de l'eau-de-vie a été amenée en partie par le débitant lui-même, parce qu'il y avait intérêt.

On s'expliquera l'influence énorme que le débitant peut avoir sur la consommation, si on réfléchit qu'en France, l'alcool ne se consomme presque exclusivement que chez le débitant. On a estimé qu'en 1895, la consommation de l'eau-de-vie en France (Paris non compris), se décomposait ainsi :

Hectol. d'alcool pur consommés dans les débits.	1.228.544
Hectol. d'alcool pur consommés par des consommateurs s'approvisionnant en gros	140.067
Total.	1.368.611

On comprend, d'après ces chiffres, à quel point le débitant peut, au gré de ses intérêts, modifier les habitudes populaires. Il est plus habile, de la part des antialcoolistes, de s'en faire un auxiliaire que de s'en faire un ennemi.

***

Villes du Nord-Est (1)

Les 7 villes où la boisson populaire est la bière boivent plus d'eau-de-vie que les villes de la région parisienne. Les impôts nouveaux ont changé très peu de chose à leurs habitudes ; l'eau-de-vie n'y a perdu que 1/2 litre par tête d'habitant à Calais et à Lille, 1 lit. 1/2 à Boulogne-sur-Mer et à Saint-Quentin. La bière, quoique favorisée par la loi de 1897, n'a à peu près rien gagné.

(1) Voir le diagramme relatif à Amiens, p. 7 ; celui qui concerne Saint-Quentin, p. 15.

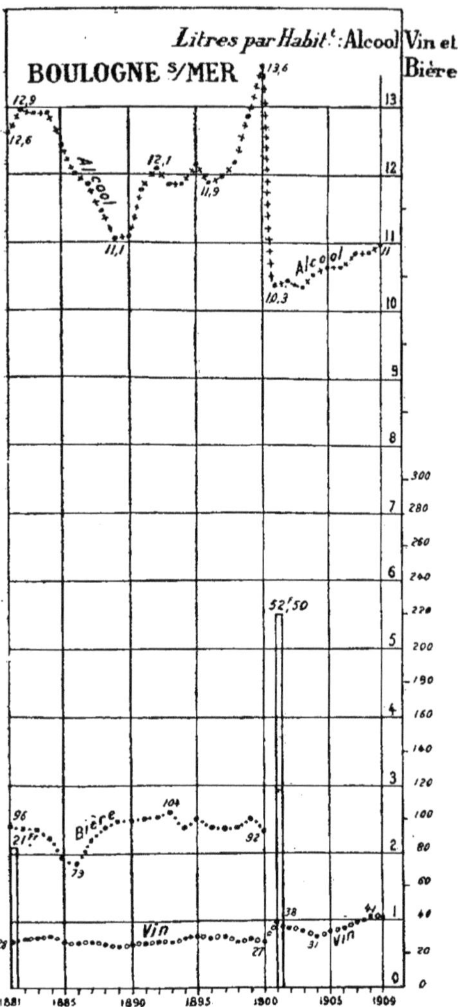

Fig. 36. — **BOULOGNE-SUR-MER.** — La consommation d'alcool, énorme, diminue médiocrement après 1900 ; elle a tendance à augmenter lentement pendant les années suivantes. La consommation de la bière et surtout celle du vin, sont peu importantes.

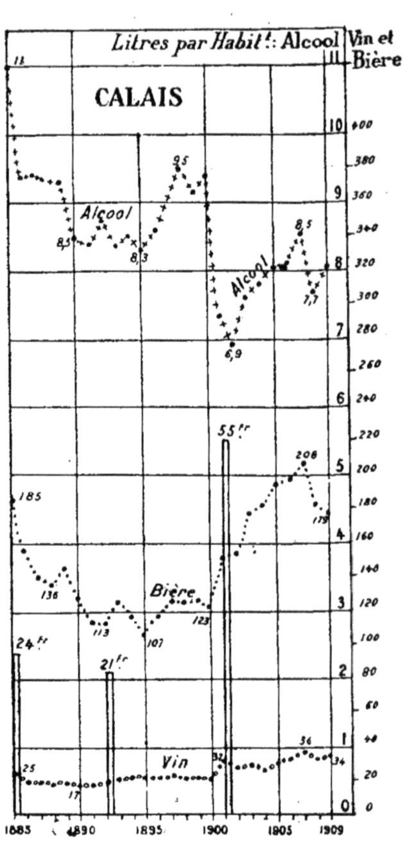

Fig. 37. — **CALAIS**. — La consommation d'alcool a diminué médiocrement après 1900, et tend à regagner le terrain perdu
La consommation de la bière, plus importante qu'à Boulogne, tend à augmenter, du moins depuis 1900.

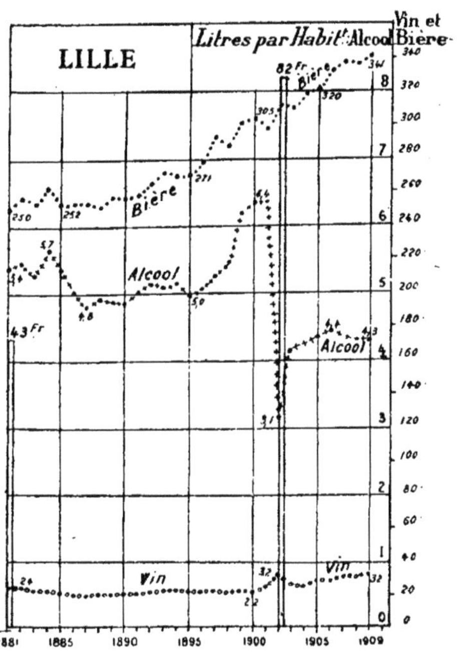

Fig. 38. — **LILLE**. — On boit à Lille beaucoup plus de bière et beaucoup moins d'alcool qu'à Boulogne et à Calais.

La consommation de l'alcool baisse brusquement en 1902, et se maintient faible pendant les années suivantes.

Celle de la bière a toujours été en augmentant ; on ne voit pas que son accroissement ait été plus rapide après 1902 qu'avant cette date.

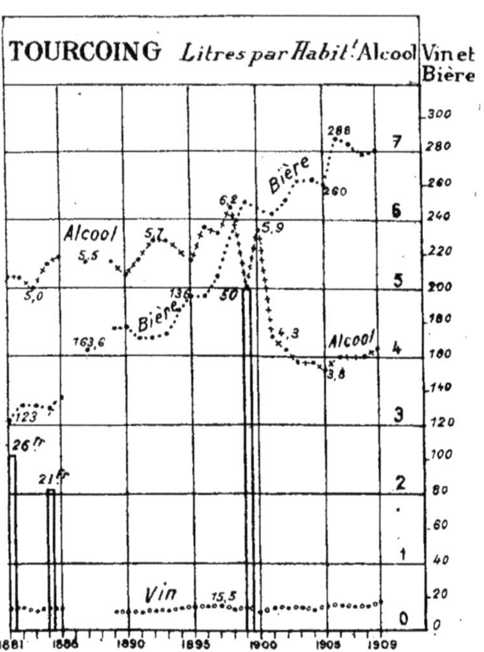

Fig. 39. — **TOURCOING**. — L'alcool, beaucoup moins usuel qu'en Normandie, et que dans les villes industrielles où le vin est inconnu, a fait des progrès avant 1900. A cette date, il recule brusquement et considérablement et tombe à 3 l. 8 par tête d'habitant, taux qui paraît se maintenir.

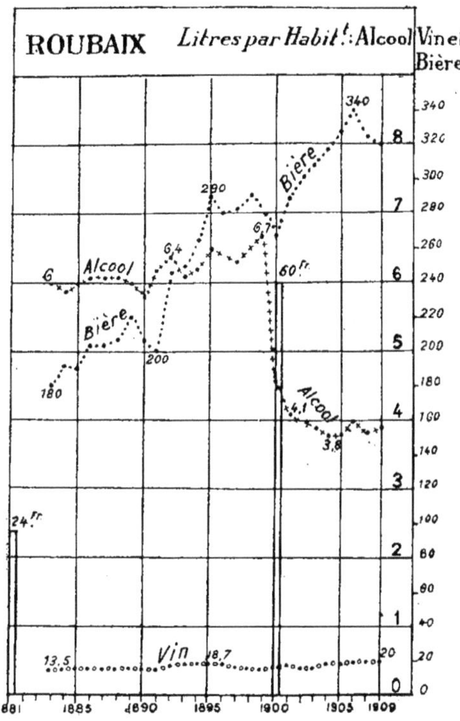

Fig. 40. — **ROUBAIX**. — Les diagrammes de Roubaix et de Tourcoing se ressemblent beaucoup entre eux, comme on devait l'attendre, mais sont très différents de celui de Lille, ce qui est bien plus surprenant. La bière y fait de rapides progrès.

Villes de Normandie

Les villes normandes consomment encore plus d'alcool que les autres villes de cidre.

On a déjà vu (p. 7) le diagramme relatif à Caen et (p. 15) celui qui concerne Rouen. Ils montrent une consommation énorme, (comparez Caen à Lyon par exemple, dont le diagramme se trouve sur la page voisine, ou Rouen à Grenoble, dont le diagramme se trouve dans la même page). Cherbourg et le Havre sont aussi d'effroyables consommatrices d'alcool.

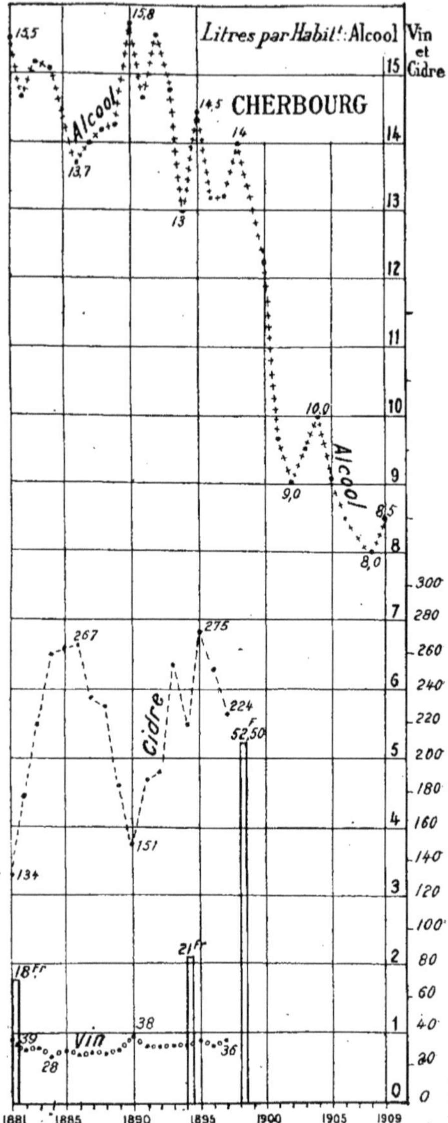

Fig. 41. — **CHERBOURG.** — La consommation d'alcool était encore plus forte qu'à Caen, jusqu'en 1900. Puis elle a brusquement baissé beaucoup.

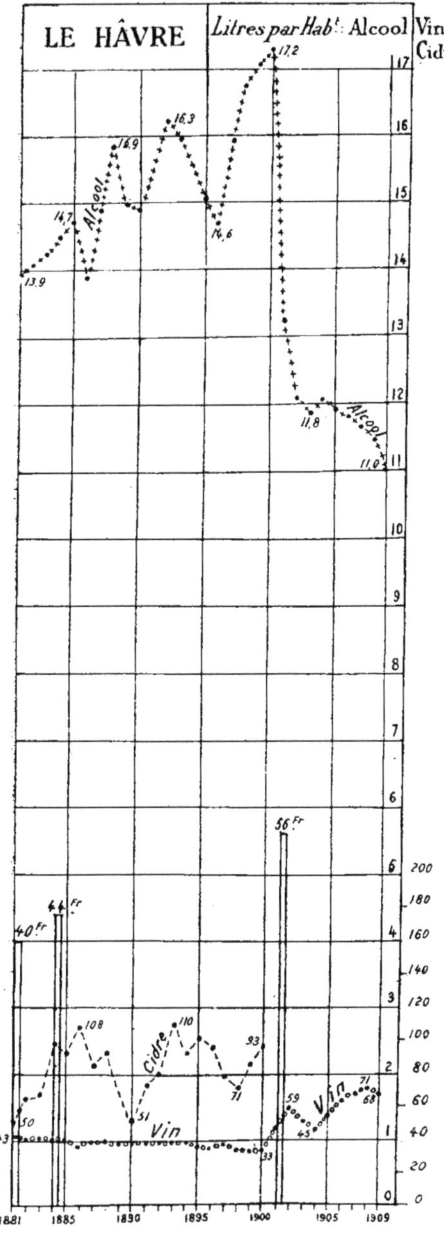

Fig. 12. — **LE HAVRE**. — La consommation d'alcool quoique énorme (et d'ailleurs très irrégulière), tendait à croître encore jusqu'en 1900. Puis brusquement elle tombe considérablement, et tend à diminuer encore. Elle reste ailleurs effroyable.

La consommation du cidre est faible, celle du vin insignifiante : celle-ci s'accroît un peu depuis 1900.

Villes de Bretagne

Ces villes à côté desquelles nous plaçons la ville du Mans, sont un peu moins alcoolisées que les villes normandes. Brest, et même Lorient, boivent peu de cidre.

Nantes (dont le diagramme se trouve page 8) est une ville de vin et ne fait pas partie de ce groupe.

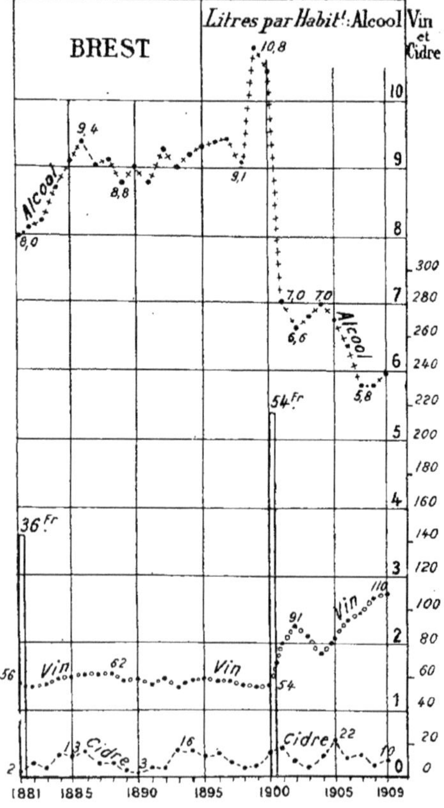

Fig. 43. — **BREST**. — Nous ne séparons pas Brest des autres villes situées en pays de cidre, cependant on voit que la consommation du cidre y est insignifiante, celle du vin est très restreinte.

Celle de l'alcool, au contraire est énorme. Elle a fortement diminué depuis 1900, tandis que celle du vin augmentait un peu.

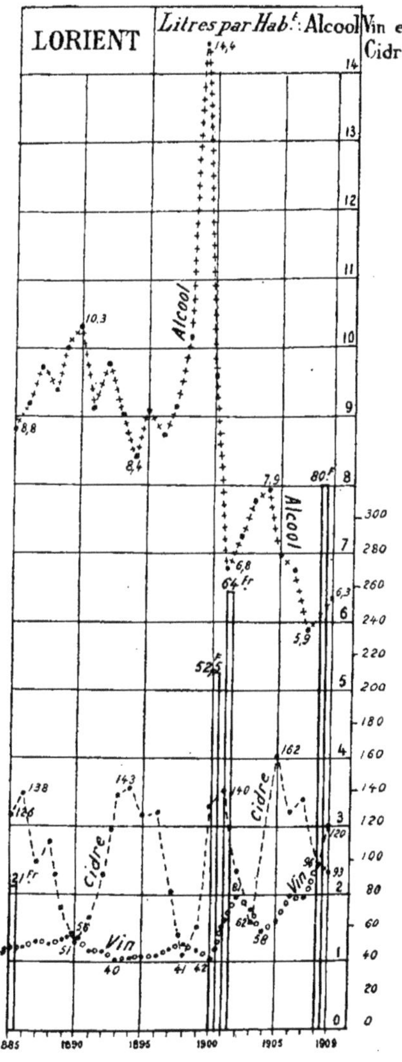

Fig. 11. — **LORIENT**. — La consommation de l'alcool, très élevée avant 1900, a baissé ensuite assez sensiblement. Celle du cidre varie suivant l'abondance de la récolte. Celle du vin est moins insignifiante que dans les quatre villes normandes étudiées, et se rapproche de celle de Brest. Elle tend à augmenter depuis 1900.

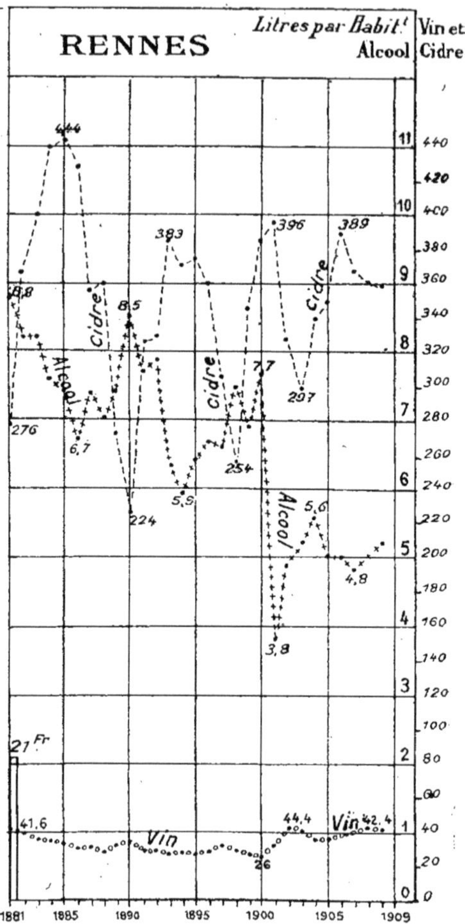

Fig. 45. -- **RENNES**. — Le cidre est très employé : sa consommation varie selon l'abondance de la récolte : 1884, 1885, 1886, 1893, 1894, 1895, 1896, 1900, 1904 et enfin 1906 sont des « années de pommes », au contraire 1890, 1893, 1903 sont des années de mauvaise récolte.

L'alcool subit des variations plus grandes que les autres villes. Il baisse de 1881 à 1886 ; puis remonte jusqu'en 1890 ; baisse à nouveau jusqu'en 1904 pour remonter jusqu'en 1900. Chûte profonde en 1901.

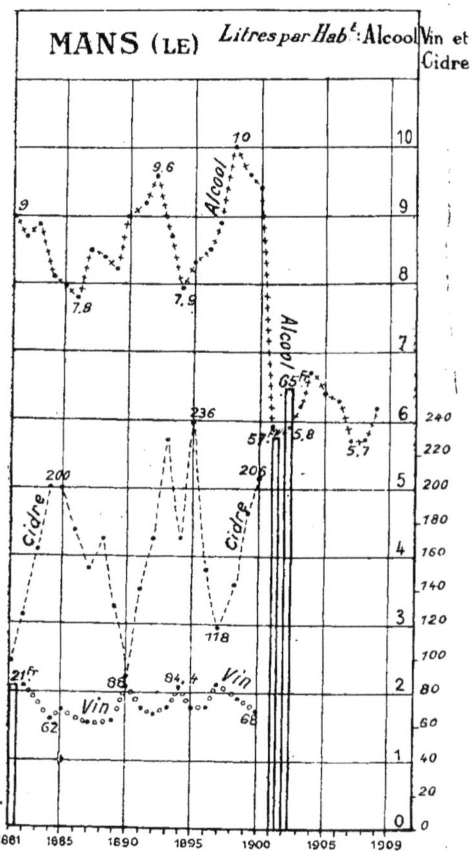

Fig. 40. — **LE MANS**. — Consomme bien moins de cidre que Rennes et consomme un peu plus d'alcool. Celui-ci, comme à Rennes, subit des variations considérables et aux mêmes époques. Il y a dans ces deux villes un antagonisme, bien irrégulier d'ailleurs, entre le cidre et l'alcool.

Les 8 villes où la boisson populaire est le cidre sont toutes d'effroyables consommatrices d'eau-de-vie (avant 1900-1901, le minimum était 9,5 à Brest et Lorient, le maximum 16 litres à Rouen et au Havre). Les lois de 1897 ont fait diminuer ces chiffres sensiblement, excepté à Caen.

Cette diminution ne paraît pas avoir eu une action bien sensible sur la consommation du cidre qui varie surtout suivant l'abondance de la récolte.

*
* *

Résumé

Les diagrammes que l'on a vus indiquent la marche ordinaire de la consommation des boissons alcooliques. Pour permettre au lecteur de la suivre sans se noyer dans un océan de chiffres, j'ai construit, pour un certain nombre de villes, le tableau suivant, qui indique la consommation moyenne *avant* et *après* les années 1900-1901. J'élimine du calcul les années qui les ont immédiatement précédées (et pendant lesquelles les marchands faisaient des provisions) et celles qui les ont immédiatement suivies (et pendant lesquelles on écoulait le stock). Les chiffres pris à dix ans d'intervalle représentent bien la modification introduite dans les habitudes populaires: beaucoup moins d'eau-de-vie; sensiblement plus de vin.

J'ai cherché si cette amélioration générale avait eu déjà des conséquences sur la santé publique. L'une des maladies les plus influencées par l'alcool est la phtisie. J'ai cherché si elle avait diminué de fréquence depuis 1900 dans les villes dont nous venons de parler. Je n'ai pas été surpris de ne rien trouver de pareil. Outre qu'il faut trois ou quatre ans pour que la phtisie évolue chez ceux qu'elle avait frappés avant 1901, il faut probablement bien plus longtemps pour qu'elle diminue sensiblement dans une ville où elle s'est propagée. L'ivrogne qui, à force d'alcool, prépare son organisme à recevoir le fatal bacille, ne nuit pas seulement à lui-même; il répand son mal sur ses voisins, même sobres, lorsqu'une cause quelconque les a débilités. On ne peut donc espérer qu'au bout d'un temps très long, de voir la diminution de la consommation de l'alcool entraîner une diminution de fréquence de la tuberculose. Et, en effet, dans les villes étudiées, on ne trouve, à ce point de vue, que des différences très faibles, discordantes et peu démonstratives.

Villes	Droit d'octroi sur l'hectolitre d'alcool pur		Consommation moyenne en un an, par tête d'habitant			
			d'alcool pur		de vin (ou de bière ou de cidre)	
	en 1895-96-97	en 1905-06-07	en 1895-96-97	en 1905-06-07	en 1895-96-97	en 1905-06-07
1° Villes où la boisson populaire est le Vin						
Angers	24f	60f	5 10	2 70	124,1	187.8
Avignon	12f 25	42f	5.30	4 20	152,3	193.3
Besançon	21f	52f 50	5.94	4.12	180,9	261 0
Bordeaux	24f	45f	4 39	3.65	203,6	247.9
Bourges	18f	52f 50	4 31	2.75	161.5	"
Grenoble (1)	18f	60f	4 63	2 97	190 1	221,3
Limoges	24f	60f	4 41	2.78	190,5	256,4
Lyon	41f	82f	4 13	3.26	157,6	-
Marseille	54f	100f	5 60	4 19	156,4	167,6
Nancy	24f	60f	4 27	2.96	150,7	193,8
Nantes (2)	34f	100f	4.43	3.33	154,1	219,5
Nîmes	24f	60f	4.80	2 87	146,9	-
Orléans	21f	40f	5 85	3.48	160.5	174,7
St Etienne	24f	60f	4.70	3.52	241,5	292,8
Toulon	24f	36f	7.14	5.57	149,6	197,7
Toulouse	24f	45f	3 43	2.64	215,2	264,3
Troyes	21f	25f	5 43	4 19	220.	220.
2° Villes de la Région Parisienne.						
Boulogne-s-Seine	21f	44f 50	6.40	4 89	233.6	268.5
Clichy	18f	50f 50	6.56	4.34	215 7	266.8
Levallois Perret	18f	43f	6 02	4.91	200.9	257.0
Paris	79f 80	165f	7 18	4.75	191 4	237.0
St Denis	21f	33f	5 82	4 59	194.9	277.0
Versailles	21f	47f	7.00	4.56	153.8	189.1
3° Villes où la boisson populaire est la Bière.						
Boulogne-s-Mer	21f	52f 50	11 99	10.70	95.3	"
Calais	21f	55f	8.62	8.23	117.2	200.6
Lille	24f	60f	5.09	4.37	280.8	330.2
St Quentin	21f	52f	8.00	6.33	231.5	238.0
4° Villes où la boisson populaire est le Cidre						
Brest	36f	54	9,40	6.28		
Caen	21f	48f	11.37	11 00	222.8	"
Cherbourg	21f	52f 50	13.64	8.63	251 0	"
Le Havre	44f	56f	15.21	11.79	92.1	"
Lorient (3)	21f	80f	9.00	6.52	112 0	142.1
Rouen	44f	55f	15 41	11.72	140.8	94.0

1. *Grenoble* : L'octroi était en 1895 de 16 francs par hectolitre d'alcool.

2. *Nantes* : — en 1905 de 70 francs — —

3. *Lorient* : — en 1905 de 52 fr. 50 et en 1906 de 64 fr. 50 par hectolitre d'alcool.

III. - Réponse à quelques objections

Un journal, *Le Temps*, dans un article souvent reproduit, a annoncé dernièrement que loin de diminuer, comme nous venons de le voir, la quantité d'alcool consommé allait en augmentant. Il s'appuyait sur les quatre dernières années d'observation (que nous citons plus loin). A mon avis, il tirait de quatre chiffres exacts, une conclusion sinon fausse, du moins peu vraisemblable.

Il est toujours dangereux d'annoncer un changement en s'appuyant sur quatre années d'observation seulement; les sociétés humaines ne se transforment guère en si peu de temps. J'ai sous les yeux le tableau de la consommation de l'alcool, année par année, depuis un demi-siècle. Jusqu'en 1900, augmentation constante, déjà résumée par notre diagramme 3. Depuis 1889 notamment, la consommation par tête est toujours supérieure à 4 litres d'alcool pur par an. Voici comment les chiffres se succèdent depuis 1895 (je ne remonte pas plus haut pour abréger) :

FRANCE. — *Litres d'alcool pur consommés par tête d'habitant*

1° *Avant la loi du* 29 *décembre* 1900 :

1895	4.07
1896	4.19
1897	4.28
1898	4.70
1899	4.59
1900	4.66

2° *Après la loi du* 29 *décembre* 1900 :

1901	3.52
1902	3.26
1903	3.54
1904	3.89
1905	3.57
1906	3.56
1907	3.31
1908	3.44
1909	3.46
1910	3.59

On voit qu'en 1901, il y a une chûte brusque *qui, ensuite, s'est maintenue*. Mais elle ne s'est maintenue qu'avec des *hauts* et des *bas*. Depuis 4 ans, les chiffres ont un peu augmenté, mais auparavant ils avaient baissé pour augmenter ensuite et baisser encore. Ce sont des fluctuations sans grande importance. *Nous restons loin des chiffres antérieurs à* 1901.

Si peu importantes qu'elles soient, ces fluctuations ont des causes qu'il peut être intéressant de rechercher. A mon avis, la principale d'entre elles (mais non pas la seule sans doute), est le fléchissement de la récolte de vin. Nous avons indiqué plus haut (et démontré ailleurs), que *le vin est l'ennemi de l'alcool*. Lorsqu'il faiblit c'est, le plus souvent, au profit de son ennemi. Or, c'est précisément ce qui est arrivé pendant ces quatre dernières années. L'alcool a gagné un peu de terrain, mais c'est parce que le vin en perdait autant.

	ALCOOL PUR CONSOMMÉ		Nombre d'hectol. de VIN *récoltés*
	NOMBRE ABSOLU D'HECTOLITRES	LITRES PAR TETE D'HAB.	
1907	1.289.408	3.31	66.070.000
1908	1.339.578	3.44	60.545.000
1909	1.342.006	3.46	54.446.000
1910	1.399.034	3.59	28.530.000

On voit que la récolte du vin s'est trouvée en diminution chaque année. La récolte de 1910 a même été détestable (on n'en avait pas vu d'aussi mauvaise depuis quinze ans). Cela rend probable une assez forte consommation d'alcool en 1911. Dès que la récolte sera redevenue normale, on peut espérer que l'alcool reperdra les petits progrès qu'il avait faits.

Ainsi l'accroissement léger constaté pendant 4 ans, n'indique pas que la victoire conquise en 1900 soit compromise. Nous avons vu qu'elle est réelle, qu'elle paraît générale au moins dans les villes importantes, et que ses effets paraissent durables.

Un autre commentateur regrette que je ne me désole pas de voir augmenter la consommation du vin : « Il n'y a pas *antagonisme* entre le vin et l'alcool, s'écrie-t-il, il y a *suppléance.* » Pure querelle de mots, car les deux signifient ceci : « l'eau-de-vie a été remplacée par le vin. » Mon contradicteur préférerait que l'eau-de-vie eût été remplacée par l'eau claire. Moi aussi. Mais comme cela n'arrive pas, et, par conséquent n'arrivera probablement jamais, surtout dans un pays vinicole, j'estime qu'entre ces deux maux, il faut choisir le moindre ; et que la défaite (très insuffisante d'ailleurs), de l'alcool dans les villes, doit nous consoler amplement de la victoire du vin.

IV. - Conclusions

J'ai résumé ainsi tout ce qui précède :

1° La brusque diminution de la consommation de l'alcool, constatée par le ministère des Finances depuis 1901, est un fait réel, et n'est pas une simple apparence comme on pouvait le craindre.

2° Cette diminution a été considérable dans les villes et surtout dans les villes importantes.

3° Dans les villes où la boisson populaire est le vin, en même temps qu'on boit moins d'alcool, on boit plus de vin.

Aussi, ai-je dit devant l'Académie des Sciences morales et politiques qu'on peut féliciter le législateur d'avoir atteint le double but que, sans doute, il se proposait : d'avoir favorisé l'emploi des boissons dites hygiéniques, et d'avoir restreint l'usage de l'eau-de-vie.

Sur quoi, M. le sénateur Alex. Ribot, m'a fait remarquer avec raison que j'adressais au législateur un compliment qu'il ne méritait pas. Car, il a bien voulu favoriser la consommation du vin, mais non pas du tout restreindre celle de l'eau-de-vie. Il a même été très déçu de voir celle-ci diminuer au détriment des recettes du Trésor.

Hélas ! rien n'est plus vrai !

Le législateur a procuré un grand bienfait au pays, mais sans le vouloir ! Jugez par là du bien qu'il pourrait faire s'il le voulait !

Que n'obtiendrait-il pas s'il supprimait les petites distilleries, comme on l'a fait, avec grand succès, dans beaucoup de pays (en Angleterre, par exemple, où il n'y a que 31 distilleries ce qui permet de porter l'impôt au chiffre de 531 francs l'hectolitre), où s'il se dirigeait vers l'adoption du système de Gotembourg, qui a si bien profité aux Suédois et surtout aux Norvégiens.

Oui, s'il le voulait, il pourrait guérir le pays d'une plaie qui, malgré l'amélioration constatée plus haut, constitue un effroyable danger. Mais, il ne le veut pas, et il ne le peut pas ! Il ne le pourra jamais tant que le marchand d'eau-de-vie continuera à être le « grand électeur ».

Tableau I. — **MILLIERS D'HECTOLITRES** d'alcool et de vin (cidre ou bière, suivant la région) **consommés dans 33 grandes villes de France** (Nombres absolus)

(*Exemple* : 4.3 signifie 4.300 hectolitres environ)

Années	Amiens		Angers		Avignon		Besançon		Bordeaux	
	ALCOOL	BIÈRE	ALCOOL	VIN	ALCOOL	VIN	ALCOOL	VIN	ALCOOL	VIN
1881	7.2	71.6	»	»	»	»	2.7	81.0	8.4	454.8
1882	7.3	68.1	»	»	»	»	2.7	76.5	8.7	430.6
1883	7.4	69.6	»	»	0.8	38.0	2.7	77.9	9.1	431.3
1884	7.6	72.6	»	»	1.1	41.5	2.6	76.8	10.4	463.4
1885	7.4	69.4	»	»	1.1	40.4	2.4	71.4	10.1	437.1
1886	7.1	68.9	»	»	1.2	41.4	2.2	64.8	10.0	426.0
1887	7.3	71.6	»	»	1.1	41.3	2.1	61.2	10.3	428.8
1888	7.3	68.8	»	»	1.3	42.2	2.1	61.4	10.3	447.7
1889	7.3	70.7	»	»	1.6	42.4	2.1	59.1	10.3	459.6
1890	7.4	70.8	»	»	1.6	42.9	2.4	60.1	11.8	460.2
1891	7.3	69.2	4.3	83.1	1.7	44.3	2.4	63.7	11.3	478.3
1892	7.8	73.9	4.4	88.9	1.8	45.9	2.6	61.2	12.1	498.8
1893	7.7	75.7	4.2	94.3	1.7	52.4	2.4	66.7	11.9	530.7
1894	7.8	66.0	3.5	108.9	1.7	54.2	2.2	67.7	11.3	535.8
1895	7.8	68.4	3.8	93.0	1.8	54.8	2.3	70.9	11.6	503.7
1896	7.8	65.1	3.9	91.2	2.0	54.8	2.3	68.6	11.1	519.9
1897	7.9	64.0	3.9	97.3	2.0	58.0	2.3	67.0	10.9	485.6
1898	8.4	62.6	4.4	86.0	2.0	56.6	2.5	65.8	12.7	491.4
1899	8.7	66.4	4.2	94.2	2.2	56.1	2.6	68.3	11.8	504.8
1900	9.3	71.4	4.0	98.1	2.0	63.1	3.1	69.4	11.8	612.4
1901	7.1	64.2	2.1	146.4	1.6	78.4	1.3	89.7	9.1	617.7
1902	7.2	65.2	2.0	144.9	1.6	77.1	1.4	92.8	8.4	547.4
1903	7.0	64.8	2.3	125.9	1.7	65.9	1.6	82.9	8.6	534.7
1904	7.1	66.2	2.7	114.9	1.4	75.5	1.8	86.8	9.0	592.6
1905	6.8	65.5	2.4	155.2	1.8	76.1	1.6	95.3	9.3	612.4
1906	6.9	65.9	2.4	148.5	1.6	77.3	1.6	97.7	9.2	606.2
1907	6.6	65.0	2.0	162.4	1.5	74.0	1.4	98.4	8.2	608.0
1908	6.5	64.8	2.0	140.1	1.5	74.8	1.4	98.8	7.2	608.0
1909	6.6	73.3	2.2	145.4	1.6	72.8	1.4	99.4	7.3	598.6

Années	Boulogne-sur-Mer		Boulogne-sur-Seine		Bourges		Brest		Caen		Calais	
	ALCOOL	BIÈRE	ALCOOL	VIN	ALCOOL	VIN	ALCOOL	VIN	ALCOOL	CIDRE	ALCOOL	BIÈRE
1881	5.6	43.2	»	»	1.5	55.3	5.5	38.5	5.9	75.7	»	»
1882	5.8	42.4	»	»	1.2	49.2	5.6	37.3	5.8	73.2	»	»
1883	5.8	41.9	»	»	1.3	49.3	5.7	38.1	5.9	93.8	»	»
1884	5.8	39.5	»	»	1.4	54.9	6.0	41.3	5.7	99.1	»	»
1885	5.6	34.1	»	»	1.4	48.1	6.3	41.6	5.6	111.4	5.8	97.8
1886	5.5	33.7	»	»	1.5	46.0	6.7	44.1	5.4	106.5	4.9	82.8
1887	5.4	40.6	»	»	1.5	44.6	6.4	44.4	5.3	99.4	5.0	74.8
1888	5.3	44.0	»	»	1.4	40.5	6.5	43.7	5.5	91.9	4.9	72.1
1889	5.1	44.9	»	»	1.4	40.5	6.2	41.3	5.4	81.7	4.9	77.1
1890	5.1	44.3	2.0	66.5	1.4	41.9	6.4	40.7	5.7	63.3	4.5	67.8
1891	5.3	44.8	2.0	65.1	1.6	41.8	6.7	42.1	5.8	77.4	4.8	65.0
1892	5.5	45.8	2.1	69.3	1.7	41.4	7.1	44.7	6.0	79.5	5.0	64.5
1893	5.3	46.8	2.2	71.2	1.7	48.8	6.8	41.4	5.9	106.1	4.7	72.2
1894	5.3	42.1	2.2	75.2	1.3	48.0	7.0	43.9	5.3	92.5	4.8	66.4
1895	5.5	45.3	2.2	82.5	1.3	52.5	7.1	44.9	4.8	109.0	4.7	60.8
1896	5.6	43.6	2.3	81.9	1.4	53.1	7.0	42.9	4.8	91.7	4.9	66.8
1897	5.6	43.3	2.3	85.5	1.5	54.0	7.1	42.9	5.0	83.5	5.2	72.5
1898	5.7	44.1	3.1	83.3	1.8	56.8	7.7	40.6	5.8	79.9	5.4	71.2
1899	6.0	47.1	2.5	90.8	1.8	55.4	8.1	39.7	5.4	92.4	5.2	71.7
1900	6.4	43.2	3.1	95.5	2.2	59.3	7.7	40.3	5.3	107.1	5.4	70.0
1901	5.2	»	2.4	111.4	0.9	»	5.9	67.2	4.6	»	4.3	88.7
1902	5.2	»	2.3	119.6	1.0	»	5.6	76.9	5.3	»	4.1	90.0
1903	5.2	»	3.1	114.6	1.0	»	5.7	70.5	4.3	»	4.4	104.0
1904	5.3	»	2.4	110.9	1.1	»	5.9	61.9	4.9	»	4.5	106.1
1905	5.3	»	2.4	121.0	1.0	»	5.7	70.2	4.8	»	4.7	113.5
1906	5.4	»	2.4	128.9	1.1	»	5.4	79.7	4.5	»	5.3	130.3
1907	5.5	»	2.3	137.4	0.9	»	4.9	84.0	4.6	»	5.6	136.5
1908	5.6	»	2.2	136.8	1.0	»	4.9	91.2	4.8	»	5.0	119.3
1909	5.6	»	2.2	144.2	1.0	»	5.1	93.9	4.9	»	5.3	117.1

Tableau I (*Suite*). — **Quantités (milliers d'hectolitres) d'alcool pur (sous forme d'eau-de-vie et autres liqueurs fortes), de vin, de bière et de cidre consommés dans les principales villes de France en chacune des années 1881-1909.**

Années	Cherbourg		Clermont-Ferrand		Clichy		Grenoble		Le Hâvre		Le Mans		Levallois-Perret		Lille		Limoges		Lorient		Lyon	
	ALCOOL	CIDRE	ALCOOL	VIN	ALCOOL	VIN	ALCOOL	VIN	ALCOOL	CIDRE	ALCOOL	VIN	ALCOOL	VIN	ALCOOL	BIÈRE	ALCOOL	VIN	ALCOOL	CIDRE	ALCOOL	VIN
1881	5.6	48.4	»	»	1.2	55.1	2.1	92.6	15.1	54.2	4.4	48.2	1.5	62.4	9.6	444.9	2.3	99.9	»	»	15.2	734.5
1882	5.3	63.1	»	»	1.3	55.0	2.0	88.5	15.3	68.4	4.4	41.8	1.5	62.5	9.8	462.6	2.5	95.3	»	»	15.5	646.2
1883	5.5	79.9	»	»	1.3	54.2	2.3	93.6	15.4	72.7	4.5	37.1	1.6	62.3	9.6	461.7	2.5	92.4	»	»	16.1	657.7
1884	5.4	94.3	»	»	1.3	53.0	2.4	99.1	15.8	106.8	4.2	32.5	1.6	62.5	10.4	485.3	2.4	95.5	»	»	16.6	693.4
1885	5.2	95.1	1.8	67.3	1.2	50.5	2.4	98.5	15.9	100.1	4.2	36.0	1.7	64.3	10.0	470.3	2.4	92.8	3.3	47.8	16.8	658.2
1886	5.1	98.7	1.8	73.4	1.3	50.1	2.1	94.0	15.5	121.4	4.2	34.3	1.7	60.6	9.5	478.4	2.5	88.3	3.5	52.2	16.9	626.7
1887	5.2	87.8	1.8	70.1	1.6	49.7	2.2	93.4	16.6	94.3	4.5	32.9	1.8	62.9	9.2	486.0	2.6	84.6	3.7	37.2	17.5	614.7
1888	5.3	85.5	1.8	71.8	1.5	50.4	2.4	95.3	17.7	104.3	4.5	32.8	1.9	65.9	9.5	485.5	2.6	85.4	3.5	41.6	18.0	610.9
1889	5.3	68.9	1.7	72.5	1.7	53.8	2.7	99.7	16.7	77.0	4.4	33.5	2.1	70.0	9.5	503.6	2.4	85.8	3.8	27.4	18.9	630.9
1890	5.8	56.1	1.7	64.3	1.8	54.3	3.0	101.1	16.6	56.7	4.8	44.4	2.3	74.0	9.6	506.5	2.6	88.3	3.9	19.2	20.0	630.5
1891	5.6	72.2	1.8	71.3	1.9	56.0	3.0	102.7	18.1	85.7	4.9	37.1	2.3	74.2	10.1	517.2	2.6	91.4	3.9	28.4	20.4	642.1
1892	6.0	74.7	1.9	74.0	2.1	58.7	3.5	105.9	18.9	89.7	5.2	35.8	2.7	77.8	10.5	544.3	2.9	98.7	4.1	39.5	21.5	663.3
1893	5.7	98.4	1.9	77.1	2.0	60.4	3.1	113.6	18.6	128.5	4.7	37.7	2.7	80.4	10.6	564.2	2.9	105.7	3.8	58.6	20.8	703.9
1894	5.0	85.4	1.7	80.3	2.0	61.5	2.8	114.5	18.1	108.1	4.3	45.0	2.7	86.9	10.8	566.4	2.7	115.7	3.6	60.6	21.2	739.3
1895	5.6	105.9	1.6	85.7	2.1	71.2	3.0	120.5	17.5	118.2	4.6	38.4	2.7	95.5	10.6	577.4	2.7	120.6	3.9	54.0	19.4	728.6
1896	5.4	103.9	1.6	82.7	2.2	67.4	2.8	118.0	17.5	115.1	4.7	38.1	3.0	94.9	11.0	600.3	2.9	118.0	3.6	52.8	19.1	704.4
1897	5.4	91.2	1.7	86.7	2.2	73.3	3.0	119.5	19.1	93.9	5.0	47.3	2.9	97.9	11.3	629.3	2.8	123.8	3.8	33.5	19.0	731.4
1898	5.7	»	2.2	84.8	2.8	71.8	3.4	114.7	20.0	85.1	5.7	45.4	4.0	98.4	11.6	613.8	2.9	115.5	4.2	17.2	23.3	698.5
1899	5.4	»	2.4	83.6	2.0	77.0	3.5	115.0	20.4	101.9	5.5	42.»	3.0	107.5	13.2	641.9	3.0	120.3	6.0	24.4	20.8	714.4
1900	5.0	»	2.5	85.0	2.7	78.4	4.3	120.8	20.6	115.6	5.5	39.7	4.3	114.6	13.5	643.5	3.9	125.1	4.0	54.9	22.8	711.7
1901	4.2	»	1.7	106.5	1.8	95.3	1.7	148.2	17.3	»	3.4	9.9	2.4	129.5	13.3	628.3	1.5	166.0	3.0	62.1	18.6	»
1902	3.9	»	1.6	117.5	1.7	103.1	2.2	156.6	15.7	»	3.5	»	2.7	144.3	6.6	654.6	1.9	177.7	3.2	41.3	14.2	»
1903	4.1	»	1.8	111.3	1.7	95.8	2.4	145.8	15.4	»	3.7	»	2.8	138.9	8.7	646.6	2.0	165.3	3.4	27.6	15.2	»
1904	4.3	»	2.0	110.2	1.8	94.7	2.5	141.1	15.7	»	4.1	»	2.9	134.1	8.8	662.2	2.2	161.9	3.5	49.3	16.9	»
1905	3.9	»	1.9	122.9	1.8	101.0	2.2	154.2	15.5	»	3.9	»	3.0	146.9	8.9	662.1	2.1	182.8	3.1	71.4	15.8	»
1906	3.7	»	2.0	133.2	1.9	111.9	2.3	162.1	15.6	»	3.8	»	3.2	160.6	9.1	682.3	2.2	191.1	3.1	59.4	16.8	»
1907	3.6	»	1.8	137.1	1.7	114.3	1.8	158.6	15.4	»	3.5	»	2.8	165.6	9.0	695.6	1.9	196.2	2.7	63.3	13.5	»
1908	3.5	»	1.8	140.7	1.7	115.1	1.9	162.7	15.2	»	3.5	»	2.8	163.3	8.8	694.1	1.8	187.7	2.8	42.9	14.5	»
1909	3.7	»	1.8	138.8	1.6	121.7	1.9	169.7	14.6	»	3.8	»	2.8	167.3	8.9	701.6	1.9	196.0	2.9	55.8	13.7	»

Tableau I (*Suite*)

Années	Marseille		Montpellier		Nancy		Nantes		Nice		Nîmes		Orléans		Paris		Rennes		Roubaix		Rouen	
	Alcool	Vin	Alcool	Vin	Alcool	Vin	Alcool	Vin	Alcool	Vin	Alcool	Vin	Alcool	Vin	Alcool	Vin	Alcool	Cidre	Alcool	Bière	Alcool	Cidre
1881	12.6	444.7	1.6	60.8	3.0	114.9	5.3	162.1	1.5	128.2	0.3	44.5	2.4	83.4	146	5.066	5.4	168.6	»	»	16.2	121.0
1882	12.5	448.4	1.4	61.5	2.9	114.4	5.6	166.9	1.7	141.3	0.3	43.9	2.3	73.2	148	4.843	5.0	223.5	»	»	16.2	112.7
1883	13.5	479.7	1.5	68.7	3.0	112.0	6.0	166.0	1.9	152.3	0.3	48.0	2.4	76.8	145	4.718	5.1	247.6	»	»	16.4	142.6
1884	16.6	495.1	1.5	76.3	3.2	121.0	6.2	173.8	1.9	152.7	0.4	62.8	2.8	81.0	148	4.582	4.8	276.9	5.5	165.4	16.5	156.7
1885	17.4	518.5	1.6	76.3	3.3	122.0	5.9	176.3	1.8	131.7	0.5	61.2	2.7	78.1	142	4.410	4.7	284.8	5.4	176.2	15.9	158.9
1886	16.5	505.3	1.7	76.8	3.1	115.0	6.2	156.2	1.9	124.3	0.6	61.1	2.8	77.7	144	4.336	4.4	277.7	5.7	180.0	15.7	157.0
1887	16.2	514.4	1.4	80.5	3.2	113.0	6.6	155.7	1.9	130.2	0.6	66.1	2.8	72.7	143	4.288	4.9	236.0	6.0	200.0	16.1	148.2
1888	17.3	529.0	1.7	87.1	3.3	116.6	6.3	145.6	1.9	126.3	0.6	70.8	2.9	68.5	149	4.345	4.6	241.0	6.1	205.0	16.7	149.4
1889	18.2	601.9	1.9	99.6	3.4	114.0	6.6	140.1	2.1	130.8	0.7	75.5	2.9	68.0	167	4.703	5.0	183.2	6.4	215.6	16.0	128.5
1890	19.7	621.0	2.2	96.0	3.8	120.3	6.7	136.3	2.5	141.4	1.5	75.8	3.1	67.7	172	4.474	5.7	151.7	6.4	238.5	16.7	107.4
1891	20.1	638.6	2.3	101.2	4.0	119.8	6.7	143.1	2.7	153.7	1.8	80.0	3.2	68.8	175	4.493	5.3	222.3	6.5	229.0	17.1	130.4
1892	24.7	636.6	2.4	115.7	4.3	122.5	6.7	149.2	2.9	159.1	2.9	86.1	3.2	70.5	207	4.508	5.4	227.0	7.1	229.3	17.6	154.5
1893	20.8	681.1	2.2	123.8	4.0	133.0	6.0	168.4	2.9	165.2	2.6	94.1	3.1	74.4	169	4.650	4.4	265.6	7.5	288.1	17.2	200.1
1894	21.2	613.0	2.0	129.4	3.9	142.8	5.0	200.5	3.0	167.6	2.4	103.5	2.9	76.1	170	4.751	4.1	256.1	7.2	297.1	17.3	167.0
1895	21.0	616.2	2.2	120.2	4.1	144.0	5.1	176.2	3.1	172.8	2.4	97.2	2.8	78.8	181	4.846	4.5	260.5	7.5	320.3	17.2	182.4
1896	21.2	569.5	3.3	115.2	4.2	145.4	5.0	178.1	3.2	173.0	3.2	95.5	2.8	75.6	184	4.840	4.7	251.4	8.0	356.8	17.7	166.5
1897	21.6	589.8	3.3	118.2	4.2	147.2	5.3	181.1	3.4	186.3	3.8	93.6	2.9	78.0	183	4.914	4.7	216.6	7.9	348.8	17.3	128.2
1898	24.4	556.8	3.7	122.4	4.7	141.6	6.3	164.5	3.7	174.7	3.7	91.2	3.2	69.0	205	4.695	5.4	182.8	7.9	352.8	19.1	118.5
1899	24.4	564.2	3.6	126.1	4.7	144.7	6.8	161.1	4.0	193.4	3.6	88.8	3.1	72.3	167	5.202	5.0	250.5	8.2	362.9	15.7	133.2
1900	26.0	568.6	3.2	132.6	5.6	148.9	7.2	172.1	4.0	191.0	3.2	95.0	3.1	73.8	222	5.179	5.7	283.5	8.3	349.4	18.0	181.9
1901	20.7	704.2	1.9	4.2	2.6	196.2	4.3	251.7	3.6	222.9	1.9	66.3	1.9	95.9	140	6.802	2.9	296.3	5.8	331.8	14.3	161.1
1902	18.5	738.7	1.8	»	2.9	208.0	4.3	274.0	3.3	232.6	1.7	»	2.0	99.5	133	6.624	3.7	244.7	5.1	359.0	14.1	103.9
1903	19.3	623.6	2.3	»	3.0	192.0	4.8	227.2	3.5	211.3	2.4	»	2.1	88.8	131	6.102	3.9	233.4	5.0	375.1	14.0	90.6
1904	20.2	630.1	2.8	»	3.4	192.0	5.1	216.7	3.8	238.8	2.8	»	2.4	91.8	135	5.790	4.2	256.4	4.8	380.7	14.3	165.3
1905	19.1	712.7	2.6	»	3.3	211.4	5.0	255.8	3.7	255.7	2.4	»	2.2	100.0	134	6.616	3.8	263.8	4.6	309.1	13.7	113.2
1906	20.4	766.4	2.2	»	3.4	211.7	4.0	278.5	3.9	273.0	2.2	»	2.3	104.4	141	6.491	3.8	294.4	4.7	399.2	13.9	120.8
1907	17.5	797.1	1.8	»	3.1	215.9	3.4	286.6	3.6	278.9	1.7	»	1.9	117.9	118	6.519	3.7	277.7	4.8	411.6	13.8	98.1
1908	18.6	818.5	1.8	»	3.2	223.8	3.5	279.5	3.6	286.7	1.9	»	2.1	116.9	125	6.504	3.8	273.3	4.6	391.3	13.8	134.5
1909	18.8	830.5	1.8	»	3.4	240.6	4.6	306.0	3.6	297.3	1.9	»	2.3	125.0	120	6.542	4.0	270.9	4.7	386.0	13.5	111.7

Tableau I (*Suite*)

Années	Saint-Denis		St-Etienne		St-Quentin		Toulon		Toulouse		Tourcoing		Tours		Troyes		Versailles	
	ALCOOL	VIN	ALCOOL	VIN	ALCOOL	BIÈRE	ALCOOL	VIN	ALCOOL	VIN	ALCOOL	BIÈRE	ALCOOL	VIN	ALCOOL	VIN	ALCOOL	VIN
1881	2.4	84.1	»	»	»	»	2.8	78.6	2.5	227.9	2.7	63.8	2.7	104.6	»	»	3.3	86.5
1882	2.5	84.7	»	»	»	»	2.7	78.0	2.4	210.6	2.8	70.1	2.7	100.2	»	»	2.9	79.4
1883	2.4	82.1	»	»	»	»	2.9	82.0	2.6	240.8	2.7	70.6	3.1	97.8	»	»	3.3	82.7
1884	2.4	80.7	5.4	235.9	»	»	3.4	81.6	2.7	257.4	3.0	72.3	4.0	102.2	»	»	3.4	82.0
1885	2.2	78.5	5.0	230.4	»	»	3.8	86.8	3.1	238.6	3.1	77.9	3.1	108.8	»	»	3.3	79.3
1886	2.4	78.6	5.2	205.9	»	»	3.9	83.3	2.9	209.0	»	»	3.2	104.1	2.2	76.2	3.3	79.1
1887	2.6	77.4	5.8	235.7	»	»	3.7	82.8	3.2	210.7	3.3	97.4	3.4	94.2	2.6	83.0	3.3	77.2
1888	2.6	76.9	6.0	254.7	»	»	3.8	83.3	3.3	219.1	»	»	3.2	89.1	2.8	83.8	3.3	77.5
1889	2.7	80.8	6.5	291.4	»	»	4.0	80.6	3.3	217.8	3.4	110.8	3.5	88.4	2.9	80.4	3.5	82.3
1890	3.0	86.6	7.1	292.1	»	»	4.4	90.8	3.6	204.2	3.4	113.1	3.3	88.4	3.0	78.7	3.7	78.3
1891	3.0	82.1	6.6	286.6	»	»	4.5	93.9	3.5	210.7	3.5	111.9	3.4	91.2	3.0	81.8	3.8	80.1
1892	3.5	88.5	7.4	300.9	»	»	4.7	98.2	3.9	225.4	3.8	113.3	3.4	99.6	3.2	83.5	4.1	81.9
1893	3.4	92.1	7.4	314.4	3.8	97.1	5.3	109.2	3.7	256.4	3.9	119.3	3.0	104.6	3.0	89.8	3.9	81.8
1894	3.4	103.0	6.4	318.9	3.8	96.1	5.3	115.2	3.7	270.4	3.9	131.5	2.4	113.0	2.7	89.9	3.7	81.2
1895	2.8	97.2	6.3	340.0	3.8	103.8	5.4	117.3	4.1	274.0	3.9	140.3	2.7	111.0	2.7	94.8	3.9	86.8
1896	3.4	106.3	6.4	318.0	3.8	110.5	5.5	116.0	4.4	260.0	4.3	143.0	2.6	112.0	2.6	96.9	3.8	80.9
1897	3.2	108.3	6.6	331.2	4.1	125.4	5.7	129.2	4.4	273.2	4.3	154.5	2.7	112.4	2.7	93.8	3.7	84.1
1898	4.1	106.9	7.7	343.2	4.7	126.5	6.1	124.4	4.9	271.3	4.7	174.7	3.1	99.3	2.7	86.9	4.1	78.6
1899	3.2	118.0	8.0	341.5	5.0	129.1	6.3	119.8	4.8	263.9	3.8	192.2	3.4	101.9	2.9	86.5	3.8	82.5
1900	3.8	122.9	8.5	348.8	3.1	123.3	6.4	132.9	5.1	282.7	4.6	192.4	3.4	108.0	2.9	92.1	4.3	85.8
1901	3.0	146.0	6.4	427.2	3.3	117.6	4.8	165.2	3.4	347.0	3.4	191.5	2.0	142.8	2.3	107.2	2.9	98.5
1902	2.6	157.5	4.8	426.6	3.4	119.9	4.9	166.1	3.4	341.6	3.2	200.0	2.0	152.4	2.4	109.1	2.6	106.1
1903	2.6	147.6	5.0	386.4	3.3	125.2	5.3	147.3	3.8	297.2	3.1	210.6	2.2	130.2	2.3	102.1	2.6	96.1
1904	2.9	143.1	5.1	371.0	3.3	127.7	5.7	149.4	4.1	308.2	3.2	213.8	2.5	133.3	2.3	96.2	2.7	89.0
1905	2.9	165.1	5.1	408.1	3.3	117.5	5.1	165.1	3.8	345.2	3.1	211.6	2.4	158.2	2.1	105.0	2.6	97.5
1906	3.1	178.4	5.6	440.3	3.3	131.5	4.8	171.2	3.6	357.1	3.3	235.0	2.2	171.2	2.2	109.6	2.6	104.0
1907	2.8	184.1	4.8	439.4	3.3	126.8	4.6	179.9	3.1	345.1	3.3	231.7	2.0	178.1	1.9	111.6	2.3	110.1
1908	2.8	181.0	4.8	447.2	3.2	123.3	4.6	184.5	3.3	356.6	3.3	227.3	2.1	169.8	»	»	2.2	110.3
1909	2.7	189.4	5.1	456.6	3.3	113.4	4.3	184.3	3.4	362.4	3.4	230.0	2.2	174.3	»	»	2.3	120.1

Tableau II

POPULATION comprise dans le PÉRIMÈTRE DE L'OCTROI (en Milliers d'habitants)

VILLES	RECENSEMENT DE						VILLES	RECENSEMENT DE					
	1881	1886	1891	1896	1901	1906		1881	1886	1891	1896	1901	1906
Amiens	73.1	73.7	76.8	81.4	82.8	82.4	**Lyon**	376.6	401.9	438.1	466.0	459.1	472.1
Angers	» »	» »	72.7	77.2	82.4	82.9	**Marseille**	301.0	313.7	336.3	378.2	419.9	454.9
Avignon	31.1	33.9	36.1	37.0	38.7	39.5	**Montpellier**	56.0	56.8	69.3	73.9	76.0	77.1
Besançon	39.4	38.6	37.6	38.3	35.4	38.2	**Nancy**	73.2	79.0	87.1	96.3	102.6	110.6
Bordeaux	231.9	240.6	252.2	256.9	256.6	237.7	**Nantes**	117.6	120.1	115.6	116.1	124.1	125.7
Boulogne-s-Mer	44.8	45.9	45.2	46.8	49.9	51.2	**Nice**	66.3	77.5	88.3	93.8	105.1	134.2
Boulogne-s-Seine	» »	32.3	32.6	37.4	44.4	50.0	**Nîmes**	61.2	64.8	63.9	67.2	72.9	72.5
Bourges	31.1	32.8	32.9	32.9	37.8	36.6	**Orléans**	46.7	47.4	48.6	(1) 48.1	59.6	62.4
Brest	69.1	70.8	75.9	74.5	84.3	85.3	**Paris**	2.269.0	2.345.5	2.448.0	2.536.8	2.714.0	2.763.4
Caen	38.7	40.9	42.2	42.7	42.2	41.9	**Rennes**	61.0	66.1	69.2	69.9	74.7	75.6
Calais	»	52.8	56.9	56.9	58.2	65.6	**Roubaix**	91.8	100.3	114.9	124.7	124.4	121.0
Cherbourg	35.9	37.0	38.6	40.8	42.9	43.8	**Rouen**	104.9	107.2	112.4	113.2	116.3	118.5
Clermont-Ferrand	»	42.0	45.1	46.1	47.9	52.9	**Saint-Denis**	43.9	48.0	51.0	54.4	60.8	64.8
Clichy	24.2	26.7	30.7	33.9	39.5	41.5	**Saint-Étienne**	123.8	117.9	133.4	135.8	146.7	146.8
Grenoble	51.4	52.5	60.4	64.0	68.6	73.0	**Saint-Quentin**	45.8	47.4	47.6	48.9	50.3	52.8
Le Hâvre	108.5	111.9	116.4	119.5	130.2	132.4	**Toulon**	61.4	61.3	74.1	82.1	74.8	88.0
Le Mans	49.2	53.5	53.3	56.0	59.4	61.3	**Toulouse**	119.1	122.8	126.6	124.2	127.9	134.5
Levallois-Perret	29.5	35.6	39.9	47.3	58.1	61.9	**Tourcoing**	51.9	58.0	65.5	73.4	79.2	81.7
Lille	178.1	188.3	201.2	216.3	210.7	205.6	**Tours**	52.2	59.6	60.3	63.3	64.7	67.6
Limoges	53.6	56.7	60.9	64.7	70.6	75.9	**Troyes**	» »	45.8	46.9	48.7	49.6	49.8
Lorient	»	37.8	42.5	41.3	44.1	46.4	**Versailles**	48.3	49.9	54.0	54.9	55.0	54.8

(1) Orléans : en 1899, extension du périmètre : 1899 : **56.9** ; 1900 : **57.9**.

TABLE DES MATIÈRES

(*Voir page 47, la table des graphiques*)

TABLE DES GRAPHIQUES

Imprimerie GAMBART et Cie, 52, Avenue du Maine, Paris

www.ingramcontent.com/pod-product-compliance
Ingram Content Group UK Ltd.
Pitfield, Milton Keynes, MK11 3LW, UK
UKHW020445230726
13925UKWH00004B/1812

9 782013 609548